假行家巧克力指南

[英] 尼尔·戴维 著
沈家豪 译
胡安 校译

上海科学技术文献出版社
Shanghai Scientific and Technological Literature Press

图书在版编目（CIP）数据

假行家巧克力指南 /（英）尼尔·戴维著；沈家豪译．—上海：上海科学技术文献出版社，2022
ISBN 978-7-5439-8255-0

Ⅰ．①假…　Ⅱ．①尼…　②沈…　Ⅲ．①巧克力糖—通俗读物　Ⅳ．① TS246.5-49

中国版本图书馆 CIP 数据核字 (2021) 第 006208 号

Originally published in English by Haynes Publishing under the title:
The Bluffer's Guide to Chocolate written by Neil Davey

图字：09-2019-499

策划编辑：张　树　　　责任编辑：黄婉清
封面设计：留白文化　　版式设计：方　明
插　　图：方梦涵

假行家巧克力指南
JIAHANGJIA QIAOKELI ZHINAN
[英]尼尔·戴维　著　沈家豪　译　胡　安　校译
出版发行：上海科学技术文献出版社
地　　址：上海市长乐路 746 号
邮政编码：200040
经　　销：全国新华书店
印　　刷：常熟市人民印刷有限公司
开　　本：889mm×1060mm　1/32
印　　张：4.75
插　　页：4
字　　数：97 000
版　　次：2022 年 1 月第 1 版　2022 年 1 月第 1 次印刷
书　　号：ISBN 978-7-5439-8255-0
定　　价：45.00 元
http://www.sstlp.com

目
录

果真有什么食物够格被称为爱的养料，那只能是巧克力。

爱之养料

莎士比亚曾言：音乐是爱的养料。近来，巧克力霸权崛起，早已超越音乐成为新一代“爱之养料”，更不用说什么新一代黑色[①]、新一代周五[②]、新一代五十岁、新一代八十岁[③]啦，巧克力甚至已成为新一代潮流。

一切都始于对食物本身的重塑。几年前，你要是能调制出大虾鸡尾酒酱、翻译出法餐菜单上的五六道菜名，就能算得上天才了。可如今，哪怕你家里只有烧水壶和烤面包机，都会有人期待

---

① 美国电视剧《女子监狱》（*Orange is the New Black*）标题原文直译为“橙色即新一代黑色”，其中黑色指狱中黑恶势力，而文中指巧克力的颜色。——本书注释均为编者注

② 在一周四个工作日制度的讨论中，周四通常被称为“新一代周五”。

③ 由于人口预期寿命的增长，在部分西方国家出现了类似“七十岁即新一代五十岁”“一百岁即新一代八十岁”的论调。

你能潇洒地倒腾出戈登·拉姆齐[1]也想试一手的佳肴，期待你能读懂十四门语言的菜单，甚至会希望你从二十步外就辨识出一颗熟了的牛油果。

仅对食物有些基本了解对于现在这个社会来说已经显得远远不够了。人们不再会客气地问你假期去了哪里，他们想知道你去度假时吃了什么、在哪里吃的，主要就是想问你有没有去老城区里那家自制提拉米苏和橄榄油的小熟食店。他们不单想知道这块牛肉被吊在那儿多久，还想知道那头高贵畜生的名字，它的谱系，它被养在哪块田里，以及杀死它的是叶忒罗还是他脑子不好使的兄弟西拉。同理，现在他们想知道你的巧克力是用哪种豆子制成的，是什么时候在哪个国家的哪个庄园里种植的。

人们如今对于此类知识如此渴求可能有多方面的原因。也许是因为这样的知识能展现你的无限好奇心和丰富经历，让你在世界旅行者的群体中脱颖而出；也许是因为它暗示着你对诸多事情都有深入的了解。不管原因为何，有一个事实不可否认：它使得巧克力成为假行家吹嘘艺术炙手可热的主题。

巧克力这东西，既能酷炫逼人，又能性感撩人，你可以在任何地方买到任意形态的巧克力制品。它可以平易近人，也能让你高不可攀；可以很廉价，也可以很昂贵。它在世界各地都有生产，背后又都有丰富的历史。据说它还有各种功效，能当催情

---

① 戈登·拉姆齐（Gordon Ramsay），名厨、节目主持人、美食评审，被称为英国乃至世界的顶级厨神，因其在各种名人烹饪节目的粗鲁与严格以及追求完美的风格，而被媒体称为“地狱厨师”。

剂，还能瞬间补充能量。巧克力从可可豆制成排块的过程复杂而有趣。总之，巧克力是假行家侃侃而谈的最佳食物。

在接下来的一百来页中，你可以学到一切让人印象深刻所需的巧克力知识，无论你那位目标听众是朋友、家人、同事、心上人、过路厨师还是自视高人一等的服务员。无论你是法国奢华巧克力品牌法芙娜的常客，还是对巧克力的认知始于油炸过的玛氏巧克力棒并终于油炸过的玛氏巧克力棒，你都能在任何巧克力相关的话题中坚持自己的观点。不仅如此，如果你（无论出于何种原因）希望在不摄入大量巧克力制品的情况下进行一些额外的相关研究，那么本书可以让你在不吃半口巧克力的前提下对其进行专业的举证立论。

本书旨在引导你了解讨论巧克力时会遇到的主要危险领域，并使你掌握专业词汇和回避技巧，从而最大限度地减少你被识破为假行家的风险。你会得到一些简单易学的提示和方法，确保你将被认可为一名能力罕见而经验丰富的巧克力爱好者。

这本小书还能做到更多，它将让你以知识和洞察力打动大批为你惊叹的听众——才不会有人发现，在阅读本书之前，你甚至分不清吉百利的提子杏仁排块巧克力和用委内瑞拉阿拉瓜谷初奥种植园出产的纯克里奥罗豆制作的小批量工匠巧克力之间有什么区别。（建议你记住这句话的后半部分，时常引用它——它可是夸夸其谈的经典素材。）

十颗可可豆就能保证有人给你来一次——咳！——世界上最古老的“特殊”服务。由此看来，总是有人会为了巧克力不惜一切代价。

遥远的巧克力

从发现可可豆到用紫色包装纸和铝箔纸包装巧克力[1]，再到最终在加油站销售，好一条漫长而(往往是字面意义上)曲折的道路！在适当的时候，我们将展开讨论巧克力制作的复杂性，以及巧克力的包装方式。

至此，我们可以明确我们首先在谈论的是一种由可可树[2]果实制成的特殊产品。可可树是生长于中美洲和南美洲热带气候下的本土树种。可可制成品与可可树大差不差，但是仅凭英文拼写和发音上的微小差异就足以显示出你是一个知识渊博的人。至于什么时候该用 cocoa 来称呼制成品，什么时候用 cacao 称呼

---

① 自 2007 年，吉百利公司在英国拥有其巧克力包装的独特紫色(潘通色 2865C)的商标，这种颜色最初于 1914 年推出，以向维多利亚女王致敬。然而，2013 年 10 月，雀巢公司的一项上诉成功地推翻了法院的裁决。

② 可可树学名为 *Theobroma cacao*，英语也称 cacao tree 或 cocoa tree。

它……两个词的互换使用其实已经变得越来越频繁。如果你非要在这儿就开始卖弄的话，大可以说某些地区的人习惯把豆子叫作cacao，而把豆子制成的粉末叫作cocoa。不过，仍然需要强调的是，在大多数情况下，你爱怎么叫，就怎么叫。

巧克力的制作过程留到后面再说，我们先从巧克力的起源开始。巧克力的历史旅程始于大约4 000年前的奥尔梅克人，奥尔梅克文化是后来逐步演变为如今墨西哥的第一个主要文明。

有一点或许值得一提：与许多古代历史一样，下述也存在着许多互相矛盾的日期和故事。对于许多人来说，未免听来丧气。可对假行家来说，这些含混不清的说法简直是天赐良机。即使你身边有个嗓门特别大的专家拼命挑你故事中的刺儿，你也可以以老练的淡定姿态以及一句“确实，根据某些消息来源……”或者“我觉得陪审团对这个问题仍未下定论”对他们的指控一笑而过。

奥尔梅克人

据证，奥尔梅克文明或许是西半球第一个发展出整套书写系统的文明。据说也是他们最早发明了零、日历、放血疗法和人祭——你就把他们看作是变坏的会计好了。更重要的是，他们被认为在公元前600年左右最早食用可可豆。虽说存在用阿兹特克人和玛雅人命名的巧克力，但事实是他们确实比奥尔梅克人出现得更晚。奥尔梅克人多半得和他们的律师团队好好谈一谈。

在其文明消亡或迁离之前，奥尔梅克文化从公元前1200年一直存在到公元前400年左右，大概是该地区的火山活动或者是献祭了太多处女导致其随后消失。到底发生了什么，我们无从得知，但是有证据表明，他们最早发现了可可豆的美味潜力：多半是因为他们的家乡长满了可可树，而产能过剩与必需品一样，都是发明之母。

饮用巧克力

自奥尔梅克人开始食用可可豆，其后两千年间，巧克力——某些文字记载也把它叫作xocoatl（一般人都不知道怎么读）——一直都是作为饮品食用的。Xocaotl实际上被直译为“苦水”，它听起来并不能让人胃口大开，除非你平时喜欢喝啤酒或安歌斯图拉苦酒[①]。

在这一点上，你要做好其他专家会试图纠正你的思想准备。美国语言学家威廉·布莱特认为，没有证据表明xocoatl、chocolatl或任何类似的拼写在历史上的这段时间被当作一个词语使用。那么，我们目前使用的这个词（chocolate）可能来自玛雅语的chokol（热）和atl（水）。别的说法则认为阿兹特克语中的cacahuatl（可可水）才是其词源。后一说法的可能性很大，尤其是在西班牙人介入之后。西班牙人不大会像其他人那样心甘情愿地喝下一种名字里带有caca的浓稠棕色液体。因为任何小

① 安歌斯图拉苦酒（Angostura），或称“安歌斯图拉苦精”，是一种浓缩的苦味剂（草药酒精制剂），以龙胆、草药和香料为基础，它通常用于饮品调味，较少用于食品调味。这种苦酒最早在安歌斯图拉镇（今委内瑞拉玻利瓦尔城）生产而得名，但其实并不含安歌斯图拉树皮成分。

学生都知道，在西班牙语中，caca 的意思是“便便”(如果是西班牙成年人，那 caca 就是“大便”)。由此，理论上说来，应该是西班牙人选择用 chokol 代替 caca，让它听起来更可口了一点。

为了表达得更明晰，你最好还是坚持使用第一个版本的词源故事。当然，其他版本也得存入你的巧克力假行家词库里头。喝 xocoatl(若你非要把它念出声来，发音可以是“候赫叩阿塔尔”)是一种持续了数百年的饮用习惯。从玛雅人(其时还没忙着给世界末日算个错误的日期)到阿兹特克人及之后的许多文明，一直到十九世纪，巧克力才正式以巧克力块的形式为人们摄入。

玛雅人

玛雅文明——正如为了向他们致敬而命名的绿与黑牌巧克力[①]所认可的那样——很可能是第一个全身心接受 xocoatl 及其对人体健康之裨益的文明。玛雅人那时就发现 xocoatl 可以有效消除疲劳，并一定程度上能够当作兴奋剂使用。为了适应假行家们夸夸其谈的需求，你应该留意：可可豆中只含有少量咖啡因，但有更高含量的可可碱。作为一种温和的中枢神经系统

① 绿与黑牌巧克力于 1991 年在英国伦敦创立，以有机可可为主打卖点。该品牌曾推出一款名为“玛雅黄金”的巧克力，并宣称其灵感来自伯利兹一种玛雅人传统的可可与香料调制的饮料。该款巧克力于 1994 年成为英国第一种被授予公平贸易标志的巧克力。

兴奋剂，可可碱能提高你的血清素水平。这就是为什么吃巧克力会让你感觉很好。

玛雅人将 xocoatl 视为其社会和宗教的重要组成部分，继而由托尔特克人和阿兹特克人传承延续，甚至一路接力到卡尔·冯·林奈[1]手中。这位十八世纪的瑞典科学家为这种树取了个学名 *Theobroma cacao*，译为“众神的食物”。托尔特克人相信可可是羽蛇神[2]所赐的神圣礼物。传说羽蛇神因将可可赐予人类而被其他神灵放逐，但他曾发誓自己终将回归。记住这句话，我们还会提到的。

阿兹特克人

接下来是阿兹特克人，他们也是可可豆的忠实粉丝。阿兹特克人在十四至十六世纪间建立了约有 1 500 万人的强大帝国。阿兹特克人相当看重可可豆，甚至将其用作货币流通。这种做法在中美洲一度延续至十九世纪。据当时的一些说法：用四颗可可豆就可以买一只兔子，十颗可可豆就能保证有人给你来一次——咳！——世界上最古老的“特殊”服务，大约一百颗可可豆就可

① 卡尔·冯·林奈(Carl von Linnaeus)，瑞典植物学家、动物学家、分类学家和医生。他正式确定了双名法，即现代生物命名系统，被誉为“现代分类学之父”。

② 羽蛇神(Quetzalcoatl)是阿兹特克文化和文学中的一名神祇，其名称来自纳瓦特尔语，意思是“珍贵的蛇”。对羽蛇神的信仰在阿兹特克人的历史资料中得到了最好的记载，羽蛇神与风神、金星之神、黎明之神、工艺和知识之神有关。他也是阿兹特克祭司、学习和知识的守护神。

以买到一个奴隶。由此看来，总是有人会为了巧克力不惜一切代价。

鉴于可可豆的非凡价值，这种饮品长期都是上流社会的特权之享。据传阿兹特克皇帝蒙特祖马二世[①]（如今的巧克力制造商都牢记他的大名）每晚前往妻妾所在的后宫之前都会喝上五十多杯xocoatl。可可豆究竟能否作为万艾可的替代品还有待商榷，科学家从正反两方面都有论证，我们将在之后的内容再对此进行探讨。但如果它对阿兹特克皇帝有用的话，那……

进军欧洲

在可可豆最终被带到欧洲的一系列事件中，它也见证了蒙特祖马二世帝国的倾覆。1519 年，西班牙探险家埃尔南·科尔特斯抵达阿兹特克帝国的首都特诺奇提特兰，并与蒙特祖马二世会面。蒙特祖马坚信，这个皮肤和胡须颜色都比较浅的异域人一定是从放逐中归来的羽蛇神，因此向这位探险家赠送了许多礼物，其中就包括异常珍贵的可可豆。给外来人可可豆的做法不为蒙特祖马二世的臣民所接受，他们起义并杀死了皇帝。事到如今，回头再看：群众明显比皇帝更能胜任对人类品格的判断，毕竟科尔特斯和他那群西班牙人后来摧毁了阿兹特克帝国的大部分。

---

① 蒙特祖马二世（Moctezuma II，约 1475—1520），古代墨西哥阿兹特克帝国君主。蒙特祖马二世一度称霸中美洲，最终为西班牙殖民者埃尔南·科尔特斯（Hernán Cortés）所害，导致阿兹特克帝国灭亡。

1527年，科尔特斯将可可带回了西班牙的宫廷里。由于高昂的进口税，它所制成的饮品再次成为上层阶级可享用的特权。对世界其他地区而言，可可也不再算得上是个谜了，而是被掩盖成了一个完全的秘密。据某些研究称，英国人弗朗西斯·德雷克①对于可可豆及其价值一无所知。当他带领手下俘获西班牙商船并发现装满可可豆的麻袋时，他们觉得这些东西毫无用处，并将它们倒下船、扔进了海里。假设他们当时意识到这些战利品是什么东西，历史的进程会不会有所改变？德雷克和他的手下是否会回到西属美洲大陆②掠夺更多魔力豆，他们会不会因此错过1588年与“无敌舰队”的混战？曾给西班牙侵略者赐福的教皇西克斯图斯五世还会不会是天主教徒？无论如何，你还是可以说：如果当时德雷克知道被他倒掉的小豆子是什么东西的话，他一定先跟着钱走。上述要点便是假行家在吹嘘巧克力历史的相关讨论中需要记住的内容。

---

① 弗朗西斯·德雷克(Francis Drake)，英国探险家、船长、私掠者、奴隶贩子、海军军官和政治家。德雷克最为出名的是他在1577—1580年的一次远征，包括他对太平洋地区的入侵(在他之前，太平洋地区一直是西班牙的专属区域)。他的远征开启了英国在美洲西海岸与西班牙发生冲突的时代。德雷克在1588年对西班牙“无敌舰队”的胜利之战中担任英国舰队的副司令官。

② 在西班牙殖民美洲期间，西属美洲大陆(Spanish Main)是西班牙帝国位于美洲大陆、加勒比海海岸及墨西哥湾的部分的合称。该术语用于区分这些地区与西班牙在加勒比海控制的众多岛屿，后者被称为“西属西印度群岛”(Spanish West Indies)。

巧克力的扩张

直到十七世纪西班牙国王腓力三世的女儿奥地利的安妮[①]与法王路易十三结婚后，可可才开始在欧洲其他地区传播。与此同时，可可饮品的药用特性引起了传教士的注意。慢慢地，流言在南美洲、中美洲及欧洲部分地区传播开来。之后的几年中，宗教也在巧克力的演变中立下了汗马功劳。

万岁！巧克力终于在十七世纪中叶来到了英国。而再一次——相信你也猜到了——巧克力税后的高昂价格意味着只有有钱人才能享受到这种饮料。从 1657 年起，巧克力茶座在伦敦各地兴起，成为精英聚会的场所。男人们齐聚一堂，就着一杯褐色的饮料，讨论政治和当下的紧迫局势。其中一些巧克力茶座随后慢慢演变成了绅士俱乐部。

贵格会[②]的影响

在接下来的两个世纪里，巧克力仍然是一种以其各种健康益

① 奥地利的安妮(Anne of Austria)拥有西班牙和葡萄牙女王(因为她的父亲是葡萄牙和西班牙的国王)以及奥地利女大公的头衔。尽管她出生在西班牙，但她被称为“奥地利的安妮”，因为西班牙统治者属于奥地利王朝(后来被称为哈布斯堡王朝，但这种称呼在十九世纪之前相对不常见)的高级分支。

② 贵格会(Quakers)属于历史上基督教新教的一个教派，其正式名称为公谊会(the Religious Society of Friends)，十七世纪兴起于英格兰。过去的贵格会教徒拒绝参加战争，穿着朴素的衣服，拒绝宣誓，反对奴隶制，实行戒酒主义，等等。英国三大糖果制造商吉百利、朗特里和弗莱均由贵格会教友创建。

处和强化情绪的品质而闻名的饮料。可可在不含酒精的情况下能起到这种效果，着实对贵格会教徒具有极大的吸引力，从而贵格会教徒也进一步塑造了巧克力的未来。

由于教派的信仰，贵格会教徒的职业选择会受到一定的限制，但医疗行业肯定是被允许的。因此，众多贵格会教徒成了医生或药剂师，而巧克力以其著名的/传说中的对健康的好处，在他们的药箱中发挥了重大作用。十九世纪五十年代，随着政府降低了对可可豆的进口税、杜松子酒在民众间愈加受欢迎，贵格会更是庆幸他们找到了杜松子酒这种“恶魔饮料”的可行替代品。当时，英国有三位主要贵格会教徒尤其积极地颂扬可可这种神奇物质的美德。你问他们的大名？准备好，别惊讶。这三人正是乔治·吉百利、约瑟夫·朗特里和约瑟夫·斯托尔斯·弗莱。

2011年，英国巧克力糖果市场总值将近四十亿英镑。

除了今天仍然以他们名字命名的产品，吉百利、朗特里和弗莱对英国社会做出了巨大的贡献。巧克力的高昂成本意味着它之前都是掺杂了外来物质（动物、植物和矿物质）后出售的。随着税收的减少和贵格会的参与，这种做法被取缔了。

此外，这三位贵格会教徒还革新了工作条件。吉百利创建了伯恩维尔作为其工人的乌托邦工厂。当时“伯恩维尔”只是一个地名，后来才成为吉百利“伯恩维尔”纯巧克力的代名词。紧接着，朗特里和弗莱相继效仿，也为他们的工人提供了当时最佳的生活和工作条件。谈到这儿，你可以辩说——或者至少在谈话中随便提起，致力于公共权益也是巧克力的传统之一，它们除了对人体有好处，在许多方面使人们感到更好。

技术发展

于是，此时的情况是这样的：有那么一种对健康有一定好处的饮料，工人的生活条件也已今非昔比，皇帝已逝，多个文明消亡，以及各种以男人为中心的俱乐部发端。唯一欠缺的是让令人觉得是巧克力块的东西，仍然以液态存在。

约莫在巧克力作为一种饮品刚在欧洲站稳脚跟的同时，出了些事儿，让它变成了我们所熟知和喜爱的形式。切入话题的一个关键点就是我们消耗了多少巧克力。巧克力的消耗量每年都在变化，但根据最新数据，英国 2011 年的巧克力糖果市场总值略低于四十亿英镑。

十八和十九世纪见证了从饮品中提炼巧克力取得的数个里程碑式进展。曾经油腻、粗粝的饮料逐步变成我们今天所食用或饮用的光滑、细腻的巧克力。

个中关键便是荷兰化学家科恩拉德·范豪滕[①]发明的可可压

① 原文作 Conrad van Houten，是英语对其姓名的简化写法。科恩拉德·范豪滕的荷兰语原名为 Coenraad Johannes van Houten。

榨机。当时人们在制作巧克力时，发现的一个棘手问题就是可可脂会上升到液体的顶部，从而必须定时撇去可可液中的油脂，或将其煮沸后剔除。范豪滕想找到一种更高效的方法来去除这些脂肪。想法很棒，但这不是什么可以一蹴而就的事儿。范豪滕从1815年便开始研究，但直到1828年，他才最终弄清楚了是怎么个去除法，随后他为自己的发明申请了专利。

范豪滕发明的压榨机把脂肪从巧克力液块（我们会在适当的时候进一步介绍，不过巧克力液块基本上就是液体形式的纯巧克力）中分离了出来，留下我们称为可可粉的东西。范豪滕将钾盐添加到可可粉中，使其外观色泽更深、更易于混合，并减少苦味，让可可的味道更加柔和。这一过程，即可可碱化的过程，如今仍然被称为"荷兰化"（Dutching）——或许并不是范豪滕所期待的纪念方式，但是至少算是对他的一种小小认可，他所达成的成就还是要比奥尔梅克人更出色。

多亏了"荷兰化"的工艺，现在只需要加水，就可以更容易地制作知名的巧克力饮料，而且口味更好。巧克力也得以大规模生产，成本降低，从而使得人人都有能力享用。"荷兰化"工艺还促成了约瑟夫·弗莱在1847年推出第一块"现代"巧克力。

通过将可可粉、可可脂和糖混合，弗莱发现可以制作出一种易于成形的糊状物。在此发现之前，块状巧克力已经存在，但需要先溶解在牛奶或水中，然后才能食用。弗莱的突破是让你可以把一块巧克力直接塞进嘴里而不需任何前期准备。尽管他给自己的巧克力起了个多此一举的法语名字"即食巧克力"（chocolat délicieux à manger)，可他获得的回报是见证自己的公司成为世界上最大的巧克力制造商。

巧克力制作工艺并非仅在英国和荷兰飞速发展。如今，瑞士人之所以经常与优质巧克力联系在一起，正是由于瑞士人在同一时期的巨大影响力，尤其是在巧克力生产领域。

当弗莱发现了手工混合原料制作块状巧克力的方法时，瑞士人则找到了用机器制作的方法。将可可糊和糖混合成软滑混合物的设备被称为“搅拌器”(mélangeur)，该发明应归功于菲利普·苏沙尔。你大概认得这个名字。

牛奶巧克力的发明(1875年)也归功于瑞士人，是他们通过在可可粉混合物中添加奶粉制作而成的。有趣的是，人们记住的是研究出怎么把牛奶变成粉末的化学家，而不是第一次将这些成分混合在一起的巧克力制造商——瑞士人丹尼尔·彼得。可能你没听过这个名字，但你肯定对他实验室里的首席化学家德国人昂利·内斯利①相当耳熟。同年，弗莱推出了一款奶油夹心巧克力(初创于1866年)，这块吃了绝对停不下嘴的产品至今还可以买到。

也是同一年，另一个名字让人觉得熟悉的瑞士人鲁道夫·林特发明了“巧克力精炼机”。所有假行家都需要清楚、明确巧克力

① 昂利·内斯利(Henri Nestlé)，本名海因里希·内斯特勒(Heinrich Nestle)，是一位德裔瑞士糖果商，也是世界最大的食品和饮料公司雀巢(Nestlé)的创始人。其姓氏在其德国故乡的斯瓦比亚方言中确实意为“小鸟巢”，其所创品牌亦译为“雀巢”，但将人名译为“雀巢”似有不妥，本书中保留音译。

生产过程中的这一步骤变化，它会在“千锤百炼始成形”中得到详细讨论。目前，你只需要知道它基本上只是一道工序。在精磨精炼的过程中，巧克力失去了其天然的颗粒感，变成了我们如今所知所买的光滑奶油状产品。据巧克力传奇制造商林特本人所说：由于员工忘记关闭机器导致其彻夜运转，他碰巧发现了精磨精炼的过程和优点。

品尝巧克力是一个咀嚼自信的过程。你的口味，由你做主。

千锤百炼始成形

既然我们已经提到诸如“精磨精炼”之类的专业术语，是时候抛开历史，好好欣赏一下巧克力漫长而精巧的制作过程是如何演变的了。毕竟，早先的可可饮品和如今常见的巧克力之间有很大的不同。可可饮品的制作方法相当简单：把可可果的种子磨碎，加入牛奶或水，就能制成一种油腻、粗粝的饮料。制作块状巧克力的过程则要复杂得多：首先要制造一台专业机器，让它以特定的方式磨碎可可豆，继而添加各种配料，连续搅拌十小时，再把这些混合物在大理石板上来回铺展，并使其温度保持在大约32℃。这是一项了不起的成就，应该得到适当的赞扬。当然，还应该通过运用你新学到的词汇，继续以适度的庄重感，展开详尽的探讨。

这部分内容所涵盖的大量信息，读起来或许会有些吃力，但这些知识——

首先是本书主题的核心知识；

其次，将使你在对巧克力知识信手拈来的同时，维持淡定的表象；

再次，但或许是最重要的，将传授你对未来所消费的所有巧克力进行评判的三样工具：专业的词汇、宝贵的智慧和独到的见解。

如何制作巧克力

了解巧克力的制作过程（显然是在理论上了解，而不是在实践中，因为制作巧克力可是个大工程）将会让你身处万人钦佩的权威地位，让你能在掰开一板巧克力品尝时就能自信断言制作它的可可豆不够干燥，或是精炼过程有问题。你还可以在此类评价话术中随机添上诸如“熔点”“调温”“风选”之类的辞藻，从而进一步确立你“行家”的身份。

可可树可是大家伙，在野外最多能长到 20 米高，而种植园里的则会小一些（3—8 米高）。可可树必须在热带气候环境中才能生长，常见于委内瑞拉、科特迪瓦、加纳、印度尼西亚和巴西等国家和地区。它们也可以在温室中种植，但极具挑战，也不切实际。在一棵可可树完全成熟时，整棵树的豆子也只能制成 1 公斤的巧克力。想量产的话，是真的需要一大堆 20 米高的温室。

世界各地"豆"留过

可可豆主要有三个品种：克里奥罗（Criollo）、佛拉斯特罗（Forastero）和特立尼达里奥（Trinitario）。

"克里奥罗"直译为"源自当地"，是最难种植的可可品种，其产量仅占全球可可作物产量的5%。根据墨菲定律，不难猜想这么稀有的可可豆肯定也是最优质的，其香气浓郁，天然缺乏苦味。只有在极为优质的巧克力中，才能发现克里奥罗可可豆的成分，也仅仅是成分而已。通常会把克里奥罗豆掺一点在其他品种的可可豆中，不然百分百的克里奥罗巧克力非贵得上天不可。

"佛拉斯特罗"直译为"外来种"，一般认为它起源于亚马孙河流域。它占全球可可作物产量的80%，因此是最普通常见的可可品种。

在剩下的15%中，特立尼达里奥占了大部分。这个品种的命名本身就包含了对其发源地的记忆辅助，因为它是在一场飓风消灭了特立尼达岛的克里奥罗种植园后培植而来的。特立尼达里奥是克里奥罗和佛拉斯特罗的杂交品种，含有丰富的脂肪，可以制作出相当优质的巧克力。

还有其他一些地区特有的品种，会在恰当的时机予以介绍，但上述三种可可豆是你需要牢记的。

可可豆长在可可树上长成的橄榄球状豆荚里。每个豆荚大约需要六个月的时间才能成熟，在其类似荔枝的可食用果肉内含有30—40颗种子。采摘后，豆荚会被掰开，种子则铺在香蕉叶上。然后，用更多的香蕉叶盖住它们，于高温条件下放置发酵大约一个星期。发酵可以减少苦味，种子必须经过这道程序，才能被用来制作巧克力。

一经发酵，种子就可以被称为可可豆了。下一步，必须对可可豆进行干燥处理，以消除其中几乎所有水含量。喜欢引用数据的人（哪个假行家不喜欢呢？）可以说：在此过程中，可可豆将失去 94％的水分和大约一半的重量。在多雨的热带地区，要想“干燥”还是有点挑战性的，因此通常会在通风良好的棚屋中进行干燥处理。一些种植者据称会试图用柴火烘干可可豆来加快这一过程，不必大惊小怪。不过，这么做会使可可豆带有巧克力制造商不喜欢的烟熏味。从好的方面看，巧克力中的一丝烟熏味能让你忍不住咂嘴，眼里失焦，并以适当的忧虑口吻强调你对种植者企图偷工减料、人为地烘干这批豆子的怀疑。“可惜了，”你会带着一丝厌恶的情绪说，“我尝到了明显残留的烟熏味儿。”

一旦晒干，可可豆就会被分级、装袋并运走。虽说有少量的可可豆会在特定的原产国进行加工，但绝大部分还是被运往世界各地（而此中绝大多数都是运往荷兰和美国）进行加工。

经过清洗——去除树枝、树叶、树皮、昆虫等垃圾，可可豆才能准备进入烘烤程序。烘烤是一个能够对生产线下游的口味产生重大影响的环节之一，无论是烘烤的时长（通常为 10—35 分钟），还是温度（通常为 120℃—160℃），都是如此。

可可豆冷却后，就可以进入下一工序，即“轧碎”或“炒碎”，其目的是将种皮与内核分离。其内核就是所谓的可可豆肉。较轻的种皮或外壳可以通过施加气流去除，此过程称为“风选”（有时称为“粗磨”)。

随后，将可可豆肉(和糖)倒入混合器细磨(再次感谢您，苏沙尔先生)，以形成光滑的糊状物。至此，它还有约53%的可可脂。

所得的糊状物可以叫作可可糊(你多半已经猜到了)、可可浆质(cocoa mass)或可可液块(cocoa liquor)。若有需要，可以将可可糊再次压榨(也再次感谢您，范豪滕先生)，分离出可可脂和可可粉。

拌匀它

接着继续搅拌，该过程能将巧克力的风味和口感定性。如果要添加其他成分(例如糖、牛奶和香草)，那都是在这一步加入的。巧克力会更进一步精炼，通过辊式精炼机或球磨机，让可可浆质的颗粒变得更小，并协助均匀分散可可脂。混合均匀后，可可糊虽然变得光滑许多，但它离成品仍有一段距离。

精磨精炼

上一道工序的结束会将我们带入熟悉的精磨精炼阶段。它与野蛮的男学生在荒岛上建立自己的反乌托邦社会[1]无关，但这道工序的名称确实与贝壳有些联系。精磨精炼(conching)时机器

① 指英国作家威廉·戈尔丁(William Golding)所著小说《蝇王》(*Lord of the Flies*)。

使用的桨状物看起来跟贝壳相似，而西班牙语中的“贝壳”就是concha。

实际上，精磨精炼就是用一台大型搅拌机对可可糊进行更加精细的搅拌混合。与搅拌机桨叶的摩擦会产生热量，使混合物融化，有助于达到精磨精炼的主要目的：进一步使颗粒变小，并使所有颗粒都为可可脂所包裹。

精磨精炼阶段的另一大作用是去除巧克力中一些不太理想的成分（例如去除醋酸），并使糖分焦化。精磨精炼的工序开发出了巧克力的许多风味，其中有四百多种风味化合物已被确认。精磨精炼不单单是制作工艺中生死攸关的步骤，更是假行家如你以后讲解巧克力专业知识时的重要题材。

你大可用权威的语气质疑这批巧克力在精磨精炼阶段出了点问题，这甚至要比暗示你品尝过高档巧克力并凭此比较更有说服力。

正如后文将要讨论的那样，品鉴巧克力（或是品鉴任何食物），其实就是个信心问题。你的口味，由你做主。倘若你自信宣称某种巧克力有轻微的颗粒感，且留有烧焦的味道，或是单纯地不像你尝过的其他巧克力一般细腻、层次丰富，那么它就是有轻微的颗粒感，还有股煳味。你大可用权威的语气质疑这批巧克

力在精磨精炼阶段出了点问题，这甚至要比暗示你品尝过高档巧克力并凭此比较更有说服力。

过去，精磨精炼阶段花的时间越长越好——四到五天在以前也不是没有过。现代技术已经大大提高了精磨精炼的效率：如今八个小时都是很长的时间了。“越久越好”的理念也是后文要详尽探讨的内容，还有别的一些巧克力“神话”的真实性也将被挑战。

所以，到这会儿那么多道工序后，你大概觉得你终于可以吃上巧克力了吧？可惜还不行。成品出炉之前，至少还要经过两道工序。

调温

接下来的这步制作工序，于你塑造自己假行家的形象大有用处。调温是让巧克力拥有诱人光泽和美妙口感的工序，留心于巧克力的这两点细节也有助于你提升作为专业人士的可信度。

调温的目的是为了让可可脂结晶，并将其均匀地分布在固体巧克力中。无论是手工操作还是机器处理，它都是一道相当费劲的工序。温热的液态巧克力会被倒在大理石板上进行冷却。半辈子喝汤的常识告诉我们，外缘必定会最先冷却下来。边缘巧克力一旦冷却，脂肪就会开始结晶。接着，就要把较凉的、已经开始结晶的巧克力混合回中间较热的、仍为液态的巧克力。温度较低的巧克力会让周围的可可脂也开始结晶。随着这一过程的重复和继续，可可脂才能在巧克力中均匀分布。如果调温工序有偏差，巧克力上就会出现白色斑痕，正是巧克力中的脂肪正在分离而不是在结晶的迹象，即“花白现象”。

花白现象

在谈到花白现象的恰当时机，可以乘机插入你的“开花”段子。花白现象也是成品巧克力被迫处于温暖环境中会发生的状况。像这样“开了白花”的排块巧克力被掰开时会碎得一塌糊涂，不像正常的巧克力能够被任意掰成你想要的大小，因为此时的可可脂结晶并非均匀地分布在巧克力中，而是凝聚在了一处。

一旦调温完成，巧克力还能以液体形式稳定地保持一段时间，或是最终被制成块状的巧克力固体。液态巧克力被倒入模具中，待气泡去除(除非是要做吉百利“威斯帕”蜂窝巧克力或雀巢“空气”巧克力)并冷却后，成品巧克力就可以出锅了。

口味之间

既然相应的词汇和专家般的真知灼见都已到位，是时候将所有理论付诸实践了。

如前文所述，品鉴事关自信与否。品鉴笔记、成分标签、专家说法和其他信息来源容易让人无所适从，假行家只须相信：品鉴任何食物或饮品时，要的就是你自信地大声说。你的口味由你自己做主，不需要他人置喙。

品鉴只有两大要点：你之于品鉴对象的个人想法，以及你对它喜欢与否。那便意味着只要你持有一点点基础知识、一点点自信、一点点幽默去接近巧克力（或是葡萄酒、威士忌和别的任何事物），你就能进入一个全新的假行家世界了。

回忆一下之前提过的，巧克力中含有四百多种风味化合物。接下来这几段将为你概括一下其中最主要的几种。这里对借用《查理和巧克力工厂》的情节先说声抱歉，这些风味化合物就是你

chocolate

的“金奖券”。对巧克力的品鉴没有对错之分。无论你评价了点什么，尤其是伴以所有人都能领会的沉思表情和以下列举的一些动作，都是完全可以接受的。“嗯，”冥思中一记咀嚼，全神贯注中突然皱眉，你说，“我尝出了一丝烟味。一种红色水果的味儿。也许还有一丝刺激的尤加利味，你懂的，有点像新世界[1]的赤霞珠？还有点别的……蓝纹奶酪？可能吗？还有些微青草气……”

只要你想，还可以直接采取著名葡萄酒品鉴家吉莉·古尔登[2]的方式方法，再多说两句，照样没人会质疑你。说实在的，与其担心他们质疑你，不如猜猜他们会有多快就开始随你的路数，同意你对这款巧克力的看法。因此，除了学习词汇，还要练习一下用扑克脸控场，免得到时一不小心笑出声来。

品鉴巧克力的乐趣在于它调动了你所有的五种感官，让你可以随心所欲地搬一出戏剧化的表演来，可以随心所欲地低调糊弄两句。

所用感官

首先，看看巧克力的**外观**。如果巧克力有包装纸，那么你会

---

① 按照地域、酿酒历史和酿酒传统等因素，民间将一些老牌的葡萄酒产国归为“旧世界”阵营，而将国际市场上的“后起之秀”归为“新世界”阵营。旧世界产酒国主要分布在欧洲，均拥有悠久的葡萄酒酿造历史，且享誉全球，如法国、意大利、德国和西班牙等。新世界产酒国则包括美国、澳大利亚、新西兰、智利、南非和阿根廷等国家，他们的葡萄酒酿造大多兴起于十五至十七世纪，如今在国际市场上也占据着不可忽视的地位。

② 吉莉·古尔登（Jilly Goolden，1949—　），英国葡萄酒评论家、记者、电视名人。

发现标签会是你的好朋友。巧克力的包装纸常常会列出一些有用信息，例如精磨精炼的用时、可可豆产地、所用的可可固形物百分比等等。

拆开巧克力外包装后，仔细观察它的外观——正面、背面、侧面都不要落下。它有那种诱人的光泽吗？还是有明显的瑕疵？有花白现象或是没有清干净的气孔吗？（甚至是“开了白花”的气孔？）它是什么颜色？好好学学怎么区分不同的棕色色调：“天哪，几乎有一丝赭色。”“好家伙，它简直跟柚木一个色。”这些都是塑造你高明形象的金句。

下一步是**听**巧克力的声音。不是说巧克力真的自己会发出声音。你掰下一个角，或者把整块巧克力一拗为二。你要动牙咬它的时候，请求大家保持安静，听听咬断时它能发出什么样的声音。调温到位的巧克力会发出清脆的一声“啪”，不然就是再断裂前有些微柔韧性。无论是哪种情况，你现在已对调温工序有足够的了解，足够你根据“听”巧克力和一些睿智的见解，进一步塑造你懂行的形象。

别急——它早晚会落入你口中的，但现在还不是时候。品尝前要仔细**嗅一嗅**巧克力的味道。用手指轻轻捏在手中，让指尖的温度温暖这块巧克力。深呼吸……再来一遍。有无数种香气可以冲击你的鼻腔：从果香到化合物的风味，从泥土味到蔬菜味，此间种种，无所不有。再说一次，没有错误的答案——这是你的鼻子，你的规则，所以你可以自由发挥、展现灵感：“是啊，我闻到了春日清晨带着露水、潮湿而新鲜的干草，加上一点薄荷香和一丝罗汉果的气味。”要不你就选择安全路线，坚持使用在巧克力中更稀松平常的味道，如烟熏味、花香、坚果香和太妃糖的奶味。

来，该有实际**接触**了。触觉体验的其中一部分——你听了一定很开心——是口感，所以你终于可以吃到东西了。只要把巧克力含在嘴里，让它融化，让它覆盖你的舌头。除了能品尝到所期待的美味，这一步的乐趣还在于它会自然而然地引发你那种略带虔诚的神态，在品鉴会上可以说相当应景。在品味的过程中，留意巧克力融化的速度、融化时的口感。它是均匀而柔软的，还是略带颗粒感？逐渐，某些特征将开始显现。许多巧克力酸味较大，你也很容易就能意识到，酸味会让你口中立即分泌出更多的唾液。这种感觉持久吗？会不会有那种喝了单宁含量特别高的红葡萄酒后流连唇齿间微微起皱、干涩的感觉？

老练的巧克力假行家这时不妨找机会捏上一小块巧克力，在拇指和食指指尖之间揉擦。制作精良的巧克力，其中的可可脂会均匀分布，而巧克力融化时会分解成各组成部分。当你把巧克力捏在手里时，可可脂会被皮肤吸收，手指上只会留下少量残留的脂肪和一点粉粉的痕迹。市场化一些的巧克力则会在你的手中化得一塌糊涂，因为它们添加的是植物脂肪而不是可可脂。这是一个有趣的对比，也能让你看起来更聪明。至少，你可以找到借口解释化得你一手的佳尔喜巧克力[①]是怎么回事。

① 佳尔喜是德芙在英国和爱尔兰所销售的产品的名称，而这两个品牌都属于美国玛氏食品公司。

巧了，巧克力的熔点正好接近人们的口腔温度。

终于该**品品**风味了。是的，道友们，是时候正式品尝了。巧克力的生产过程注重将可可脂均匀分布于巧克力内，正是因为巧克力层次丰富而多样的风味被保存在脂肪中，随着巧克力融化，这些风味会徐徐释放出来。巧了，巧克力的熔点正好接近人们的口腔温度。

所以，慢慢咀嚼的同时要留神巧克力的不同风味。顺便，留意这种风味是不是瞬间激发，随即无影无踪？还是它逐渐呈现，有所变化之余，还徘徊在你的舌尖？其口味在整个过程中是否有多种变化？还是一成不变？它的烟熏味有没有浓烈到让你想要批评可可豆的干燥过程？

如上所述，保守的假行家仍然能在品鉴过程中利用一些确凿而普遍的风味，如花香、果香、辛香、酒香等，这些也都是你想要在巧克力中捕捉到的味道。个中勇士或许还会希望能够进一步阐述。

与其含混地说花香，不如明确是哪种花，玫瑰、橙花、茉莉都是上选。果香则可以是红色果子那样的，比如浆果；可以是那些带酒香的水果；也可以是清爽而有活力的水果，比如柠檬、酸橙、西柚等。坚果也一样，与其含混地说有坚果味，不如明确是哪种坚果——杏仁、榛子、巴西胡桃（你应该领会这种套路了）——才能让人印象深刻。也不要单说辛香，考虑用胡椒——白胡椒和黑胡椒，或辣椒、肉豆蔻、小茴香、甘草等指明。同样，超越呆板的烟熏味，点明是烟草还是木头烟。你要是喜欢，甚至可以甩出皮革味。尽管提起皮革味的话，可能会导致你被问及是如何知道皮革味道的。这样一问，多半会偏题到一个你不想参与的全新的对话方向。

读懂成分标签

早些时候，我们提到了包装纸成分标签的重要性，声明了它在品鉴组合动作中起到的关键作用。成分标签能为你提供巧克力相关成分的线索，并在调整品鉴用词上助你一臂之力。巧克力的风味会受到各种因素影响，其中最关键的无疑是可可豆的品种和产地。虽然无法保证优质可可豆必定能做出上好的巧克力，但是黑心的巧克力制造商即使用最好的可可豆也只能制作出劣质巧克力，不过巧克力的特定风味与所用可可豆的品种和产地仍然是密切相关的。

与法国葡萄酒一样，讨论起巧克力来，也无法避开“风土”的概念（详见《假行家葡萄酒指南》）：土壤和气候都会影响最终的风味。例如，在雨水充沛地区种植的可可豆会带有更多的泥土味，而生长自炎热、干燥地区的可可豆则带偏酸、爽利的风味。当然，巧克力制造商的工艺、种植方式、发酵工序等都会影响巧克力的风味。不过，假设你是在分析品鉴一块风评颇高的巧克力，有些东西还是需要你了解，也值得你了解的。

正话反话都是你说了算。如果你瞥过一眼成分标签，上面标明了可可豆的品种和/或产地，你在品鉴时就可以列举与之相关的口味。若是信心爆棚，你也大可借此机会炫耀一下：就算不能准确识别豆子的品种/原产地信息，也还是得大胆地说几句。即使你说错了，产地之间、可可豆品种之间也有一定的重合之处，你只须找到支持你观点的理由。涉及此类话语游戏，一味强调这四百多种风味化合物就不太可能派上用场。

懂“豆”

因此，任何口味问题的关键就是，你应该了解你所品鉴的可可豆：它们生长在何处，以及它们的独特风味是什么。

你应该还没忘记，克里奥罗是三种主要可可豆中的佼佼者，通常产自印度尼西亚的爪哇岛、马达加斯加岛和委内瑞拉。就口味而言，它是三种可可豆中味道最全面的，但会因产地不同而有所差异。委内瑞拉产克里奥罗可可豆的花香更为馥郁，马达加斯加岛产克里奥罗可可豆酸性较强，爪哇岛产克里奥罗可可豆的味道最是均衡。一般来说，以“巧克力味重”来形容某种可可豆，怎么看都不是好主意，但爪哇岛出产的克里奥罗就是足够优秀，能成为例外。爪哇岛产克里奥罗豆常用于制作牛奶巧克力，因为它可以赋予其更为浓郁的巧克力特色。

特立尼达里奥可可豆主要产自特立尼达岛(显而易见)、海地、牙买加、委内瑞拉(又是它)和格林纳达。它的味道比克里奥罗柔和，但以其强有力的后劲而闻名。如果你品尝了一块余味挥之不去的巧克力，你可以（不要那么离谱地）大胆猜测它含有特立尼达里奥可可豆。这种豆子的性质一般比较温和，能够与其他品种的可可豆充分糅合。特立尼达里奥可可豆尝起来、闻起来都有花香和果香，不过来自牙买加的特立尼达里奥豆有时会带有朗姆酒和杜松子酒的香气。朗姆酒调的可可豆，源自牙买加。应该也不难记住吧？

再重复一遍也无伤大雅：佛拉斯特罗可可豆是巧克力制作领域最常见的豆子。它富于典型的巧克力特性，而且没那么苦。就区域性的产地而言，你需要记住一些主要产地对应的风味：科特迪瓦（烟草味、皮革味）、圣多美和普林西比（没关系，你绝对不是第一个要查一下这个国家存不存在的人，这一非洲西海岸的岛群，其产出的可可豆有红色水果和肉桂的味道）、加纳（咖啡风味）。

懂产地

主要可可豆产区之间有诸多相似之处，再加上可可豆中风味化合物所涵盖范围之大，无疑锻就了假行家的天堂。倘若你因为入口的某种巧克力尝起来有明显的红色水果味儿就怀疑它产自哥伦比亚，结果被告知制成这种巧克力的可可豆实际上产自牙买加、玻利维亚，甚至是马达加斯加。这都没啥好觉得丢人的，尤其当你不卑不亢地回答：“哦，难怪，我还纳闷呢，我的确察觉到一股淡淡的橙子味……”

玻利维亚

与南美洲许多别的产区出产的可可豆一样，玻利维亚可可豆的红色水果味出众。

哥伦比亚

还是红色水果风味，毫不意外。

科特迪瓦

科特迪瓦可可豆中烟草和皮革（谨慎使用）的风味相当突出，但此处出产的可可豆仍被认为风味全面。因此，科特迪瓦可可豆既是大规模生产的巧克力中最为常见的主要成分，也能制成供你在品鉴会上夸夸其谈的高档货。“没错，这巧克力充斥着科特迪瓦佛拉斯特罗豆的味道。”你可以理直气壮地大声说，因为在许多情况下，这的确是事实。

多米尼加

多米尼加出产口味、香气都很浓烈的可可豆，有甘草调、糖蜜调、浓郁的焦糖调。对于多米尼加产的可可豆，抛出“黏黏的太妃糖布丁”和“冬夜晚餐”之类的词组就行。

厄瓜多尔

厄瓜多尔出产的可可豆花香馥郁。你可能还会在包装纸的成分标签上看到“阿里巴”（Arriba）的字样：它其实是佛拉斯特罗可可豆的一个变种[1]。你如果看过《飞毛腿冈萨雷斯》[2]就会知道，西班牙语中的arriba是“向上”的意思，阿里巴即产自瓜亚斯河上游的可可豆，通常带有浓郁的花香。只要你记住这个小细节，它就能在不可能的时候给你惊喜。

加纳

假行家到底还能不能摆脱“巧克力味浓”这一宿命了？好吧，如你所愿。如前所述，加纳产可可豆具有典型的咖啡味和丝丝烟草香气。不过，大多数情况下，加纳豆还是以没有苦味和浓郁的巧克力味而闻名。加纳产可可豆是另一种你可以提到的与科特迪瓦可可豆相似的豆子。假行家甚至想两者都提：“这一尝就是佛拉斯特罗，但具体是来自科特迪瓦还是加纳，我恐怕是分不清楚……”

格林纳达

格林纳达产的豆子具备花香、木质香、酸度、红色水果味……格林纳达出产的可可豆风格繁多，要真是完全的盲品，推

---

① 该种可可豆被称为那斯努(Nacional)或阿里巴(Arriba)，被归为优质可可豆，产量仅占全球产量的2%，只出产于厄瓜多尔和秘鲁的部分产区。对于其是否作为独立品种，业内仍有争论。

②《飞毛腿冈萨雷斯》(*Speedy Gonzales*)是华纳兄弟公司出品的动画短片。其主人公冈萨雷斯被描绘成“全墨西哥跑得最快的老鼠”，他在奔跑时总会用西班牙语大叫：“加油！加油！快点！快点！(¡Ándale! ¡Ándale! ¡Arriba! ¡Arriba! ¡Epa! ¡Epa! ¡Epa! Yeehaw!)”

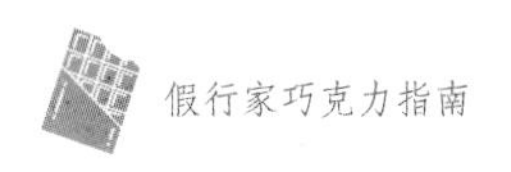

测巧克力来自格林纳达一般都能蒙对。

印度尼西亚

用奶油香、太妃糖味、蜂蜜味等词汇形容印度尼西亚爪哇岛出产的可可豆制成的巧克力都很合适。爪哇产可可豆经常被用于制作牛奶巧克力，在牛奶巧克力中，其风味和甜度倒是恰到好处的。

牙买加

牙买加产的可可豆时而带有一点朗姆酒的味道（也许是因为种植园附近的酒厂漏酒了），其木质香气往往也很明显，同时夹杂一丝泥土气息。后两种情况一般都得归咎于收获时的不当操作（当然，若你另有高论，请畅所欲言）。

马达加斯加

马达加斯加出产的可可豆柔和，更具夏天的气息，带有淡淡的柑橘味和微酸，与多米尼加产可可豆的“冬夜晚餐”风味形成鲜明对比。

墨西哥

让人欣慰的是，作为巧克力的发源地，墨西哥终于重新投入克里奥罗可可豆的生产，总算也是圆回来了。切勿错过这个把话题切入巧克力奇妙历史的好机会。

圣多美和普林西比

哪怕单纯为了看到大家一脸茫然的样子，也得再提一次这个群岛国。看别人奔走求助地图（或搜索引擎）的模样还是挺过瘾的。当地产出的可可豆所制成的巧克力能尝出红色水果和肉桂的味道，还有淡淡的香草味。

特立尼达岛

想到特立尼达岛，就不禁联想到热带风情：新鲜的柑橘和一丝辛香。

委内瑞拉

委内瑞拉是克里奥罗的故乡，也是现今最受世人青睐的两种可可豆品类初奥（Chuao）和波切拉纳（Porcelana）的原产国（尽管后者在墨西哥和秘鲁也可以找到）。对假行家来说，初奥巧克力来自初奥种植园，种植园建在亨利・皮蒂尔国家公园的阿拉瓜谷地。种植园面积相对较小，只有 140 公顷。园内有一座殖民时期的小教堂，收获的可可豆传统上就在教堂里风干。“波切拉纳”，在西班牙语里是“瓷器”的意思，相比于其他种类的可可豆颜色更浅，做出来的巧克力颜色也浅。委内瑞拉出产的可可豆因其品质而备受推崇，有时还会带有一种烤面包的香味。别把烤面包的香味与烟熏味相混淆，烟熏味对于巧克力来说不是什么好的味道。

比利时人这事儿干了那么久也没得个教训，还是值得假行家如你公正地看待：他们这种以国家为单位在国际舞台上大吹特吹的高级假行家行为，在本书的标准下自然应该获得充分的肯定。

塑造神话

假行家军火库中最具杀伤力的武器之一就是证明或反驳围绕所选主题的相关神话、根深蒂固的信念和错误观点的能力。好在以巧克力为核心的这一系统中，预置了很多这样的东西，时时让你有纠正的机会。对于巧克力这么唾手可得的东西来说，只需一点点知识，就能够拨乱反正。你很快就能装上充足弹药，对上述根深蒂固的错误观点展开反击：讨论它们，分析它们，定义它们，最终反驳或支持它们。所有这些都会使你的听众大为惊奇。

“巧克力制造商”还是“巧克力匠”？

谈及业内人士时，多数人都很难抵抗使用“巧克力匠”（chocolatier）一词的诱惑。会想到用这个词，也不是不能理解，这个词显然源自法语，听起来考究，念起来腔调十足。然而，并不是所有业内人士都可以称得上“巧克力匠”。

到目前为止，我们只讨论了巧克力制造商(chocolate maker)的工作内容，但是除此之外，还有种种我们未及提起的部分。巧克力制造商代表的仅仅是负责购买、烘焙可可豆并将其研磨成巧克力的一个人或一家公司。

巧克力制造商的工作完成后才轮到巧克力匠——那个把巧克力制造商做的巧克力最终制成巧克力糖的人。所谓的巧克力糖，也就是在情人节、母亲节以及其他所有包括圣诞节、节礼日、周一到周日的每一天在内的所有日子里大行其道的夹了馅儿、裹了坚果碎、蘸上巧克力酱的糖果。

世界各地散布着许多巧克力匠，其中很多人能在多数大城市里找到。相反，巧克力制造商的数量要少得多。因为正如前文所述，巧克力的生产过程简直就是吃力不讨好：它费力、耗时、需要各种专业设备。成为巧克力匠——尤其是一名优秀的巧克力匠，具有十足的挑战，毕竟大多数巧克力匠并不亲手一步步从可可豆开始制作巧克力。他们购买现成的“考维曲”巧克力[①]，将其融化并“创造”自己的作品。

Couverture 在法语中是“涂层”的意思，一般指包裹着某种馅的那种巧克力。“考维曲”通常含有较高比例的可可脂(让成品

① “考维曲”(couverture)指用作原材料的巧克力，法国人称之为“考维曲”，直译为“涂层”，它其实是对某类高质量巧克力的称呼。但 couverture 在英语口语中，与低档蛋糕和饼干的(巧克力风味)涂层是同义词，其中的可可固形物含量非常低。“考维曲”的法国定义是含有至少 31% 可可脂的巧克力，这一含量大约是我们平常所食用的巧克力的两倍。

巧克力糖具有所需的光泽和脆度），以各种形式呈现，可能是水滴形的碎片，也可能是巨大的厚片。有很多高端板状巧克力，例如法芙娜、马斯特兄弟、娅曼蒂等（详见“原豆精制巧克力”部分），亦属“考维曲”。它们也会被用来制作其他巧克力糖和甜点。（有家名为百乐嘉利宝[①]的公司是世界上最大的“考维曲”生产商之一，虽然他们在行业内很有名，但是你没有听说过也是可以原谅的。）

比利时巧克力世界第一

从超市到高街[②]巧克力连锁店和免税店，比利时巧克力无处不在。比利时的巧克力，真的很“高大上”，对不对？呃，其实并没有。真的。

平心而论，比利时巧克力确实不差，但也绝对没有众人误解的那么独领风骚。比利时的确有一些相当不错的巧克力匠和巧克力制造商。但是，所谓“比利时巧克力世界第一”的概念，完全是狡猾的比利时商人在二十世纪八十年代通过营销手段忽悠出来的。

正如我们已经确立的事实论据所展现的那样——当然你也可

① 百乐嘉利宝（Barry Callebaut）是一家可可加工商和巧克力制造商，平均每年生产 210 万吨可可和巧克力。百乐嘉利宝于 1996 年由比利时巧克力生产商嘉利宝（Callebaut）和法国公司百乐可可（Cacao Barry）合并而成。

② 高街（High Street）是英国和英联邦国家常见的街道名，指一个城市、城镇或其他人口中心的主要商业街。“高街”其名意味着它是商业的焦点，特别是购物的核心。如今“高街”也成为零售业的一种风格代名词。

以依靠气候推断：比利时不种可可树。比利时人也没有在巧克力生产技术或工艺革新方面做出过什么很大贡献。“比利时巧克力”不过是指在比利时用进口巧克力制成的巧克力糖。它并没有独特的风格，也没有别致的风味，更没有质量的保证。纯属自欺欺人，还欺骗他人。其他大多数国家都不做这种事情——你听说过所谓的“英国巧克力”吗？但是吧，比利时人这事儿干了那么久也没得个教训，还是值得假行家如你公正地看待：他们这种以国家为单位在国际舞台上大吹特吹的高级假行家行为，在本书的标准下当然应该获得充分的肯定。

70%黑巧克力，永远的神

对于某些一知半解的人来说，他们深信可可固形物的百分比越高，巧克力的质量就越上乘。

根据你刚学的专业知识，你可以得意地指出这完全是瞎扯。事实上，这也是人们对巧克力普遍有误解的一点，即使含有70%的可可固形物也并不代表这种巧克力的质量或味道一定很好。百分之多少都无法等价于质优味美。你从货架上既能找出优质的“70%巧克力”，也能找到劣质的“70%巧克力”。单凭包装上标的几个数字说明不了什么问题。首先，用于制作那70%可可固形物的可可豆本身质量就可能很差；其次，另外30%说不定是用植物脂肪、人造香精、甜味剂、白垩粉、鸟窝碎片、铁丝网等等乱七八糟的东西做出来的……吃到这种巧克力，你就会懂了。有诸多因素会影响巧克力的质量和风味，但是可可固形物的含量并非其一。

既然没有事实根据，这种错误的观念何以占据上风？好吧，原因之一可能是很多食谱都要求使用70％的巧克力，因而会让人觉得这是质量好的保证。此外，世界上许多备受赞誉的巧克力（例如法芙娜巧克力）通常含有70％的可可固形物。那么，下次有人信誓旦旦地说70％的巧克力最佳是“事实”时，你就尽情享受接下来那几秒属于你的荣耀时刻吧！你只须带着疲惫的微笑摇摇头——他对巧克力的了解如此鄙陋也不好怪他，然后细心地纠正他们的误解，并建议他不如以价格作为质量的参考——买你能承受得起的最贵黑巧克力都比迷信可可固形物含量靠谱。

白巧克力不是巧克力

技术层面来说确实如此——白巧克力不含可可固形物，所以不是巧克力。不过，它仍是由至少20％的可可脂，加上至少14％的奶粉和糖制成的。其余成分或由植物脂肪等构成，而香草通常被添加为调味料。

一些巧克力匠，例如伦敦著名的保罗·A. 扬[①]辩称：只要某种白巧克力纯粹用可可脂制成而不含任何植物脂肪，它就应该被算作巧克力。假如你碰上需要为白巧克力“正名”的机会，就回忆一下他的这一观点，毕竟行内名人加持还是很有说服力的。

---

① 保罗·A. 扬（Paul A Young，1973— ），英国巧克力匠、糕点师、电视名人。

巧克力是一种壮阳药

我们之前提到过蒙特祖马二世的传说，还怀疑借助巧克力的神奇功效到底能不能让他使五百多个妻子（当然还有四千多个侍妾）满意——并不是时不时给她们一盒能当钱用的可可豆那种满意。蒙特祖马二世对巧克力的依赖由此导致了这样一种观念，即这种物质在其神秘（或不神秘）的好处中具有壮阳的效用。

玛雅人和阿兹特克人相信巧克力在很多方面为人有益，科尔特斯把巧克力呈献给西班牙宫廷后，这种信念和情愫延伸到了西班牙。当时的西班牙人，加上随后的其他欧洲人，继续将巧克力和爱情联系在一起。或许这就是为什么巧克力迄今仍然和浪漫、和情人节密不可分的原因。

正如我们已经确信的那样，巧克力是一种奇妙而复杂的玩意，它也会继续让科学家忙碌一阵。如前所述，巧克力含有可可碱，一种温和的中枢神经系统兴奋剂。它还含有许多别的化学物质，包括有助于刺激血清素生成的苯乙胺。

我们就不普及这些化学物质涉及的科学知识了。老实说，想学那种知识的话，你也不会买我们这本另辟蹊径的书。假如本书开始出现“苯乙胺是一种天然的单胺生物碱和痕量胺”之类的句子，你肯定会惊慌失措地打开搜索引擎，要么就是直接把书合上、放回书架，并去读挑战性（或催眠性）没有那么强的东西。不过提醒你一句，要是记得住的话，上述这一小句在巧克力相关谈话种随机出现的时候还是挺有趣的。

对于苯乙胺和血清素，你需要记住的仅仅是它们都能调节情绪。这些物质在我们高兴时由大脑自然地释放。在我们体验爱与欲望的当时，它们也会由大脑自然地释放出来。你的身体会随之发生一系列反应，血压升高、心跳加快、心情改善。尽管不一定能证明巧克力确实有壮阳效果，但它的确会给人带来坠入爱河或欲望腾升的错觉，还可以为人体补充能量。因此，巧克力享有这样一种名声也是可以理解的。

巧克力中咖啡因含量高

巧克力含有多种神经刺激物，简明扼要一点，就是可可碱、苯乙胺和血清素——好词不好学啊。巧克力中确实含有咖啡因，但含量并不高。你以前大概有留意到，吃巧克力可能会带来些提神的效果，可多半不是咖啡因的功劳：一百克的巧克力中最多含有三十毫克咖啡因，而一杯常规杯型的咖啡含有高达一百毫克的咖啡因。

巧克力对身体不好

很遗憾，不管是民间科学，还是正经科学，目前都没有证据表明大量摄入巧克力对身体有益。虽说巧克力对身体健康有一定好处，但每天吃十四块玛氏巧克力并不会有助于你工作、休息或玩耍，你也不能把吉百利牛奶巧克力和复活节的巧克力彩蛋当饭吃。不过，每天摄入少量精制、优选的黑巧克力（含有合理比例的可可固形物）还是对你有些裨益的。

很遗憾，不管是民间科学，还是正经科学，目前都没有证据表明大量摄入巧克力对身体有益。

可可脂含有大量硬脂酸，硬脂酸是一种饱和脂肪。不过，与其他饱和脂肪相反且奇妙的不同之处在于，研究表明硬脂酸似乎不会导致胆固醇过高。

巧克力也是镁、铜、铁和锌等元素的补充来源。此外，其所含的多酚类物质也与降低心脏病的发病风险有正向关联。

有关巧克力蛀牙的争论，只能说单纯摄入巧克力并不会导致龋齿。龋齿是口腔中的细菌代谢**所有**食物中的糖、淀粉等碳水化合物时产生的酸所引发的，是这种酸吞噬了牙齿表面的牙釉质。问题在于刷牙刷得够不够勤快，而不在于吃任何特定的食物。

然而，更好的消息是，有研究证据表明：巧克力中天然存在的磷酸盐和蛋白质实际上或许能起到保护牙釉质的作用。与此同时，巧克力中的脂肪成分（谢谢你，可可脂）意味着巧克力能比其他甜食更快从口腔清除，从而减少了与牙齿接触的时间。需要强调一下，这并不是每天吃二十三个奶油奇趣蛋的借口，不想蛀牙，唯有适度。

有些人说，巧克力会让他们头疼。你或许对此有反驳的冲动，说些什么“根据匹兹堡大学 1997 年的一项研究，巧克力和偏头痛之间没有任何科学上的联系”。但是，即使你手握证据

（嗯……是对一小撮证据的含糊认识），吹嘘也是要以人为本、适可而止的。

吃巧克力会长痘……显然也是站不住脚的谣言。许多皮肤科医生认为，饮食习惯并不会改变你长或不长痤疮的宿命。除非你将十七颗融化的巧克力豆揉进你的毛孔里。

巧克力会让人发胖的观点，也是一样的道理。吃什么、做什么都要适度，巧克力也不例外。购买、食用可可固形物含量较高的精制巧克力的另一个优势在于，一小块就能让你有丰富的味觉体验。要细细品尝，珍惜每一口，控制好摄入量。只有这样，你才能享受巧克力对健康的好处。同时，变轻的钱包也能遏制你想吃更多的欲望。可惜，这不过是理论上的美好憧憬。现实与理论总是相去甚远。经过一系列广泛研究后，科学家得出的结论将其证伪了：要是一点点巧克力真能对人体有益，吃一大堆岂不是更好？

巧克“艺”

经验丰富的假行家都很清楚，表现一个人博学多才、成熟老到的标准配置就是能适时引用妙语连篇。万幸，巧克力激发了从萧伯纳[1]到查尔斯·M. 舒尔茨[2]等一众巨匠的灵感，诱使他们探讨巧克力、为巧克力提笔。多部著作以巧克力为主题，多部电影为巧克力而拍摄。这辈子你是读不完、看不完巧克力相关的所有文艺作品的，但其中仍有一些以巧克力为主题或题材的文艺作品

---

① 萧伯纳(George Bernard Shaw，1856—1950)，爱尔兰剧作家、评论家和政治活动家。他对西方戏剧、文化和政治的影响从十九世纪八十年代一直延续到他去世后。萧伯纳创作了《人与超人》(*Man and Superman*)、《卖花女》(*Pygmalion*)和《圣女贞德》(*Saint Joan*)等六十多部戏剧。萧伯纳的作品包括当代讽刺和历史寓言等，于1925年被授予诺贝尔文学奖。

② 查尔斯·M. 舒尔茨(Charles M. Schulz，1922—2000)，美国漫画家，《花生漫画》(其中有查理·布朗和史努比等著名形象)的创作者，被认为是有史以来最具影响力的漫画家之一。

值得你在有空闲的情况赏脸一看。

少有人不知道《查理与巧克力工厂》[1] 这本历久弥新的好书，但希望你接触到的是原版小说而不是 1971 年的音乐电影 [2] 或蒂姆·波顿对这个故事的“重新想象”。不过，在接下来的几页里，你会被告知的是你需要知道的对这本书的基本内容，而不必再忍受一次约翰尼·德普 [3] 的平庸演技或影片中强行押韵的歌词——“乌帕-鲁帕，嘟叭嘀嗒，没被宠坏的你会走很远哒”。实在太可怕了。千真万确的可怕。

《查理与巧克力工厂》

的确，从作者罗尔德·达尔说起是个好开场。《查理与巧克力工厂》——怎么反复强调这本书的书名都不为过——它的故事赞扬了所有甜蜜的事物，尤其是儿童的优良品行。如果你没有读过这本书，可仍然想要成为一名成就斐然的巧克力假行家，那你至少需要了解小说的情节。

书中主角名叫查理·巴克特。查理的家境贫寒，他和他的

---

① 《查理与巧克力工厂》(*Charlie and the Chocolate Factory*) 是英国作家罗尔德·达尔(Roald Dahl)1964 年出版的一部儿童小说，讲述了名为查理·巴克特(Charlie Bucket)的小男孩在古怪的巧克力匠威利·旺卡(Willy Wonka)的巧克力工厂中的冒险故事。

② 指改编自《查理与巧克力工厂》的音乐电影《欢乐糖果屋》(*Willy Wonka & the Chocolate Factory*)。

③ 蒂姆·波顿(Tim Burton)执导的电影版《查理与巧克力工厂》中，由约翰尼·德普(Johnny Depp)饰演威利·旺卡，该片于 2005 年上映。

父母及四位祖辈——乔爷爷和乔瑟芬奶奶、乔治外公和乔治娜外婆——住在“大城镇外缘的小木屋里”。

查理特别爱吃巧克力，但是每年只能在他生日那天得到一块。更惨的是，巴克特家旁边就是世界上最著名、最神秘的巧克力工厂——旺卡巧克力工厂。该厂的东家威利·旺卡先生是“有史以来最伟大的巧克力发明家和制造商”。

有一天，威利·旺卡宣布了一项比赛。他把五张金奖券藏在他工厂生产的排块巧克力中，找到金奖券的五位幸运小朋友将有机会进入神秘的旺卡巧克力工厂内部参观。很快就有四张奖券被找到：第一个找到金奖券的是一个把吃东西当兴趣爱好的胖小子，名叫奥古斯都·格鲁普；第二张落在了娇生惯养的小公主维露卡·索特手里，主要靠她老爸买了成千上万块旺卡巧克力才帮她成功得到一张珍贵的金奖券；第三张被不大讨人喜欢、整天嚼着口香糖的紫罗兰·博勒加德拿到了手；第四张是被对电视成瘾的迈克·蒂维发现的。第五张金奖券出现在查理用地上捡来的50便士硬币买的两块旺卡牌低糖美味棉花软糖夹心巧克力排块中，于是查理和乔爷爷一起去参观巧克力厂。

在参观过程中，游客们发现了旺卡巧克力工厂神秘工人的真相——他们都是来自鲁帕国的小矮人乌帕-鲁帕。前四个发现金奖券的小孩都因各自的缺陷半途而废。贪婪的格鲁普忍不住去喝了旺卡巧克力河的“河水”(“我们是世界上唯一用瀑布来搅拌巧克力的工厂，但这也是唯一正确的方法！”)而因此摔进了巧克力河，被抽吸河中巧克力的管道吸走了。博勒加德不听劝告，硬是尝试了一款还在实验中的口香糖，嚼这种口香糖可以让人直接体验一顿三道菜大餐，然而口香糖的副作用把她变成了一颗蓝莓。索特看到旺卡用来分拣坚果的松鼠，非要带一只回家。结果，松鼠敲了敲她的头要看看她是不是一颗坏果，把她判为坏果后，扔进了丢劣质坚果的垃圾槽里去。蒂维强行去操控旺卡工厂的一个实验，想通过电视把自己传送到房间另一头，结果让自己缩到只有 1 英寸（2.54 厘米）高。查理作为工厂之旅的唯一幸存者——至少这是本好人笑到最后的儿童小说——被威利·旺卡奖励而得到了整座工厂。

这就是原版的故事。《查理与巧克力工厂》的第一个电影改编版本[①]由吉恩·怀尔德[②]饰演威利·旺卡（极其不妥的选角，因为每个巧克力爱好者都知道：威利·旺卡个子矮小，一头黑发，留着胡须），添加了一些歌曲，无视了罗尔德·达尔几乎所有的原著内容。尽管是达尔写了最初的剧本，但导演梅尔·斯图尔特却又请来（未署名的）大卫·塞尔策改写了剧本。达尔最初的构想已经所剩无几。制片方甚至让查理这个好孩子都表现不当，完全脱离了小说的本意。作者对这部电影失望到不承认它的存在，也拒绝出售续集《查理与大玻璃电梯》的电影版权。

蒂姆·波顿的翻拍居然还能拍得更差，也是挺了不起的。虽然剧情更忠于原著小说，但让约翰尼·德普饰演威利·旺卡这个

---

① 即前文提及的“1971 年的音乐电影”《欢乐糖果屋》。

② 美国演员吉恩·怀尔德（Gene Wilder）身高 179 厘米，年轻时为金发，其饰演威利·旺卡时未蓄胡子。

角色简直错到了极点。(说真的，给胡子修一个尖尖而已，有那么困难吗？)苍白的皮肤、阴柔的腔调、尖细的音调，让人怀疑他的表演是在刻意针对迈克尔·杰克逊。波顿还创造了一个由克里斯托弗·李饰演的邪恶牙医父亲，试图用这一角色来解释旺卡对糖果的热爱。这条叙事线把这部改编电影的惨不忍睹又提升了一个层次。

《浓情巧克力》(*Chocolat*)

乔安·哈里斯的小说也被改编成了一部同名电影，不过她所得到的是更忠实原著的改编。有趣的是，你可以非常自信地指出：这个关于一对母女在法国一个小村庄里经营巧克力店的故事，极大地影响了当地人的行为——尤其是与爱情相关的浪漫行为。与一部更早的小说/电影《巧克力情人》有相似之处，但《巧克力情人》这个故事实际上关注的是更大范围的食物而非只是巧克力。然而，《浓情巧克力》的重点则在于，它提到了巧克力传说中那些能够改善情绪、增强活力(和性欲)的“功效”。

故事的主角——巧克力匠维安妮(在影片中由朱丽叶·比诺什饰演)来到了一个由严厉的雷诺伯爵(由阿尔弗雷德·莫利纳饰演)管理的小村庄。令雷诺伯爵大为恼火的是，维安妮诱人的巧克力铺竟在大斋节[1]期间新开张，伯爵因而试图阻止村民们品尝她的美味产品。村民却发现维安妮有一种独特的天赋：她能像

① 大斋节，亦称“封斋节”，是基督教的斋戒节期。

开处方一样卖给每个人独一无二的完美巧克力甜品，从而唤醒他们曾湮灭的激情，化解家庭矛盾（专为由朱迪·丹奇饰演的她的女房东构写的叙事线），并赋予酒吧老板娘约瑟芬·慕斯卡（莉娜·奥林饰）足够的自信，让她离开酗酒且家暴她的丈夫。故事最后，雷诺无法继续抵抗可可的诱惑，他在破坏橱窗、闯入维安妮的店铺后终于意外地尝到了巧克力。尝到巧克力后的雷诺骤然变得非常宽容，每个人的生活都变得更好了，而这一切都归功于巧克力。对了，约翰尼·德普在这部电影中扮演了一个弹吉他的爱尔兰吉卜赛流浪汉，名叫鲁。维安妮爱上了这个比她更不受村民待见的家伙。最气人的是，约翰尼·德普居然在这部电影里留着他在《查理与巧克力工厂》中应该蓄的小胡子。

总之，巧克力能强化人的情绪。每个人的生活都因维安妮的巧克力得到了改善。需要的话，你再随口补充两句，例如：“嗯，德普和比诺什之间的化学反应非常棒”或者“我喜欢鲁和小女孩幻想出的袋鼠朋友聊天时的场景，着实感人”。你甚至不必劳神去把电影看了或把小说读了，就能将《浓情巧克力》和《巧克力情人》比较一番。

《巧克力情人》（*Como Agua Para Chocolate*）

《巧克力情人》的故事情节与《浓情巧克力》非常相似，不过要留心，《巧克力情人》更具深度。它是墨西哥作家劳拉·埃斯基维尔的处女作。假行家吹嘘时，建议使用其西班牙语书名*Como Agua Para Chocolate*，尤其当别人提起它时用的是译名的话。

这招虽然有些老套，但屡试不爽。

故事聚焦于德拉加萨家三个姐妹中最小的妹妹蒂塔，她和家人生活在美墨边界附近。按照当地习俗，家中最小的女儿必须待在家里照料母亲，直到母亲去世。蒂塔爱上了邻居佩德罗，但是在佩德罗向她求婚时，她的母亲却固守习俗，毫不动摇。

蒂塔善于烹制美食，她发现自己的情绪会传递到她准备的食物中，让吃了她做的食物的人或感到欢欣愉悦，或感到恼怒不安，或感到精力充沛……小说共分十二章，每章都代表一个月份，都以一份传统的墨西哥食谱开头。

这是一个奇妙而复杂的故事，这意味着那些读过小说或看过其优秀的电影改编版(由阿方索·阿劳执导)的人可能不会对它记得太多，毕竟小说和电影都是二十多年前出版和上映的。那么，你需要的不够但关键的细节就是，佩德罗为了接近蒂塔而娶了蒂塔的姐姐。姐姐"成人之美"地死了，这时蒂塔的母亲也死了。佩德罗就向蒂塔求婚，蒂塔也答应了。他们发生了性关系。后来起了一场大火，他们都死了。唯一幸存下来的是蒂塔的食谱书。全剧终。

你要记住的重点有三个：一是小说中蒂塔食谱的存在，二是情绪可以通过食物传递的设计，三是小说题名的西班牙语原文其实是表示某人很生气的一个短语。还记得吗？最早的时候，巧克力饮品是用水而非牛奶做的。这个比喻指的是可以用来制作巧克力饮料的接近沸腾的水，"他们如此愤怒，就像用来做巧克力饮料的水"。不然，你就说："Como agua para chocolate."

巧克力金句

以上是为假行家提供的以巧克力为主题的文学或影视作品参考资料，要是开启相关话题的话，肯定有机会用到。当然，有时候时间不允许你对自己没有读过的书或是没有看过的电影进行全面讨论，那么你可以考虑一下把下述一系列巧克力相关的金句名言记在脑袋里，再加上些历史或文学背景（具体的东西总是可以增加说服力）。这些名言可比《阿甘正传》那段让人避之不及的“鸡汤”有力得多，建议假行家如你不要提起，还是留给其他人去引用吧。

> 战争中紧握弹匣有何用处？我总带上巧克力以作顶替。
>
> ——萧伯纳《武器与人》[1]

这句话是在塞尔维亚-保加利亚战争中作战的瑞士雇佣兵布隆斥利上尉说给已与他人订婚的年轻保加利亚女子雷娜·佩特科夫听的。他们俩最后倒是走到了一起，莱娜还管布隆斥利叫“我的巧克力酱士兵”。奥斯卡·施特劳斯（Oscar Straus）于1908年公演的轻歌剧《巧克力士兵》（*The Chocolate Soldier*）不仅改编自萧伯纳的巨作，而且也正是由这一昵称得名。

---

①《武器与人》（*Arms and the Man*）为萧伯纳创作的喜剧，题名出自维吉尔《埃涅阿斯纪》的开场白“我所歌颂的武器与人”（Arma virumque cano）。《武器与人》是一出幽默剧，表现的是战争的无益，以喜剧手法对抗人性的虚伪。

威尼斯给人一种一口气吃下整盒酒心巧克力的感觉。

——杜鲁门·卡波特[①]

你最需要的是爱，但时不时来点巧克力也无伤大雅。

——查尔斯·M. 舒尔茨

查理·布朗漫画中的智慧总不会出错。

没有什么比得上朋友，除非是有巧克力的朋友。

——童书作家　琳达·格雷森

如果有人引用了这句话，并认为它出自查尔斯·狄更斯的《匹克威克外传》(*The Pickwick Papers*)，那么展现你学问博大精深的时刻就到了。很多人都误以为这句话是狄更斯说的，但实际上它来自格雷森。格雷森有个叫"普林威克故事"(The Printwick Papers)的网站，总有些互联网蠢蛋会直接当成是《匹克威克外传》，继而给普罗大众带来不少乐子。在引用作家的巧克力名言时还能顺便证伪一个都市传奇，机会难得，假行家要好好把握。

"没有痛苦，我们如何懂得快乐？"这句俗话如此愚

---

① 杜鲁门·卡波特(Truman Capote，1924—1984)，美国小说家、编剧、剧作家、演员，作品包括长篇小说《蒂凡尼的早餐》(1958)和被他称为"非虚构文学"的犯罪小说《冷血》(1966年)。卡波特的作品已被改编成二十多部电影和电视剧。

> 蠢、不谙世故，简直可以被吐槽几个世纪，但换句话说，就是西兰花的存在不会以任何方式影响巧克力的味道。
>
> ——约翰·格林《星运里的错》[1]

《星运里的错》讲述的是一个叫海泽尔的癌症患者和她在互助小组中遇到的一个男人的故事。这句话的优势在于可以用完整的内容让别人感觉到你的阅读内容广泛，而“西兰花的存在……”一出，就可以把讨论的内容从电影主人公的人生观无缝衔接到你新学的巧克力知识上来。

> “我可以时不时回来看你吗？”
>
> “给我带巧克力就可以，”奶奶笑着说，“我偏爱巧克力。”
>
> “奶奶，你有糖尿病。”
>
> “我已经老了，小姑娘。早晚也是死，不如死于巧克力。”
>
> ——瑞秋·凯恩《死亡少女之舞》[2]

与前面引用的话一样，在某些情况下，你可以断章取义地只引用最后一句，不妨碍它独立使用。当然，前提是你想表明巧克

① 约翰·格林（John Green，1977—　），美国作家，代表作有《星运里的错》（*The Fault in Our Stars*）、《纸镇》（*Paper Towns*）等。《星运里的错》于2012年出版，在《纽约时报》最佳销售榜上名列前茅，其电影改编版本于2014年上映。

②《死亡少女之舞》（*The Dead Girls' Dance*）是瑞秋·凯恩（Rachel Caine）《摩根维尔吸血鬼》（*The Morganville Vampires*）青少年小说系列中的一部。

力对人体健康没好处。这句话实际上出自一个讲吸血鬼的青少年小说系列。不，不是**那个系列**[①]，是另一个。

> 多年前，你的手和嘴巴就已经达成共识：面对巧克力，无须咨询大脑的建议。
>
> ——美国幽默作家　戴夫·巴里[②]

> 巧克力作为道歉工具比语言强得多。
>
> ——瑞秋·文森特《我的灵魂待拯救》

这句话来自另一个隐秘的超自然主题青少年图书系列，名为《灵魂呐喊》，讲述了一个能用声音杀人的女孩的故事。除非你有一个十几岁的女儿，否则你最好还是在引用这些话之前筛选一番，以防有人开始质疑你的阅读品味。

> 一切巧克力做成的东西都是好的。
>
> ——英国喜剧演员　乔·布兰德[③]

---

① 指斯蒂芬妮·梅尔（Stephenie Meyer）以吸血鬼主题的幻想爱情小说系列《暮光之城》（*Twilight Saga*）。

② 戴夫·巴里（Dave Barry，1947—　）是一位美国作家和专栏作家。1983—2005 年间，他为《迈阿密先驱报》撰写幽默专栏。他还撰写了滑稽小说和儿童小说，所获荣誉包括 1988 年的普利策新闻奖和 2005 年的沃尔特·克朗凯特新闻奖。

③ 乔·布兰德（Jo Brand，1957—　），英国喜剧演员、作家、主持人和演员，曾于 2003 年被《观察家报》（*The Observer*）列为英国喜剧界五十位最有趣的演员之一。

Chocolate

幸福。简单如一杯巧克力，或曲折如心。苦涩。甜蜜。活着的感觉。

——乔安·哈里斯《浓情巧克力》

如果你需要对《浓情巧克力》有额外的引用，那就可以用这句。

我的朋友，你眼前看到的是巧克力一生的结局。

——凯瑟琳·赫本[①]

凯瑟琳·赫本所言也是一句巧克力相关的常见引用。要是有人比你抢先提到了它，你也可以借机质疑他的出处是否有误。电影制片人约翰·菲利普·代顿[②]特意联系了最初提到了这句话的网站，就为了质疑其中“我的朋友”的存在。他的论据？“她确实可能说过这话，但肯定不会带上‘我的朋友’。我从来——从来没有听她说过‘我的朋友’这四个字，这也太不像她了。不过就巧克力的部分，确实是凯特[③]的原话没错。”

你可以用一个简单的辅助记忆法来帮自己确定此时

① 凯瑟琳·赫本(Katharine Hepburn，1907—2003)，美国电影、舞台和电视女演员。赫本作为好莱坞女主角的职业生涯长达六十年，经常扮演意志坚强的成熟女性，曾四次获得奥斯卡最佳女演员奖。

② 约翰·菲利普·代顿(John Philip Dayton，1947—)，美国影视演员、导演、制片人。由约翰·菲利普·代顿担任制片人的1994年电视电影《巴迪的圣诞节》(*One Christmas*)是凯瑟琳·赫本出演的最后一部电影。

③ 凯特为凯瑟琳的昵称。

是否是订购巧克力美食的正确时间：凡是带有字母A、E、U的月份都是吃巧克力的合适时间。[①]

——桑德拉·博因顿[②]《巧克力：燃烧的激情》

儿童文学作家桑德拉·博因顿也是一位幽默大师，有小孩的假行家可能会在《河马奔突！》中认出她的名字。她也是《巧克力：燃烧的激情》的作者，这本书对所有与可可相关的东西都以一种异想天开的眼光看待。博因顿写这本书的原因也广为引用："每十个人里就有十四个喜欢巧克力。"

希腊人和莎士比亚写了史上最伟大的悲剧……然而他们都不知道巧克力是什么。

——桑德拉·博因顿

永远要在巧克力圣代上多淋很多热巧克力酱，这样的圣代会让人喜出望外，并使食客对你心存感激。

——美食作家　朱迪思·奥尔尼

奥尔尼撰写并教授烹饪知识。她还曾是《华盛顿时报》的餐厅点评员和美食专栏编辑。

---

① 在英语中，所有的月份都带有这三个字母。

② 桑德拉·博因顿（Sandra Boynton，1953—　），美国作曲家、导演、音乐制作人、儿童作家和插画家。博因顿出版有五十多种少儿及普通图书，其中包括文中提到的《巧克力：燃烧的激情》（*Chocolate: The Consuming Passion*）和绘本《河马奔突！》（*Hippos Go Berserk!*）。

十二道步骤的巧克力计划：**永远不要离巧克力超过十二步远！**

——美国漫画家　特里·摩尔[1]

时不时，我就会遇到个把说自己不喜欢巧克力的人。虽然我们生活在一个所有人都有权选择自己喜欢吃的东西的国家，但我得郑重地声明：这种人我是不信任的，我觉得他们有问题，而且他们可能——这必须说明白——在床上肯定很没用。

——史蒂夫·阿尔蒙德《糖果狂人：美国底层巧克力见闻录》[2]

名副其实的“杏仁哥”[3]从教师职业转行成了作家，他对糖果迷恋异常，曾游遍美国，追寻各地的美食甜品，并在这本书中记录了他的旅程。

鲜花会枯萎，珠宝会黯淡，蜡烛会燃尽，但是巧克

① 特里·摩尔（Terry Moore，1954—　），美国漫画家，以《天堂里的陌生人》（*Strangers in Paradise*）、《瑞秋复生》（*Rachel Rising*）闻名，后者获1996年美国漫画艾斯纳奖“最佳连载”奖。

② 史蒂夫·阿尔蒙德（Steve Almond，1966—　），美国短篇小说家、散文家，已出版十部图书，其中包括文中提及的《糖果狂人：美国底层巧克力见闻录》（*Candyfreak: A Journey Through the Chocolate Underbelly of America*）。

③ 其姓氏“阿尔蒙德”（Almond）即英语中“杏仁”之意。

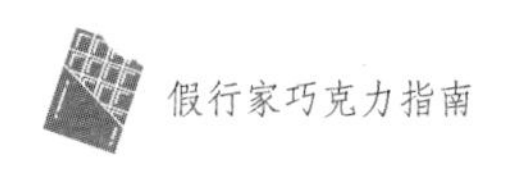

> 力永远不会在口中逗留太久，因而永远不会变老。
>
> ——可可·罗克骑士

毫不意外，“可可·罗克骑士”一看就不是个真名。它是丹尼尔·沃罗纳用的假名。基于每天多笑几下有助于燃烧卡路里的理论，他为自己所谓的“大笑减肥法”收集了许多食物相关的笑话和幽默故事。他坚信“每天大笑一百次等于锻炼十分钟”。几个得来不易的微笑等价于多少运动量不得而知，坦率地说还是挺有道理的(如果你是英国人的话)。

> 其他任何食物无法比拟巧克力之处在于巧克力象征着奢华、舒适、感性、满足和爱。
>
> ——卡尔·佩茨克

佩茨克是一名摄影师兼作家，也是《巧克力：甜蜜放纵》(*Chocolate: A Sweet Indulgence*)的作者，该书是一部浮华、略显色情的巧克力主题作品。不过，他确实用这句话捕捉到了巧克力的灵魂，而且他拥有一个让人们觉得自己肯定应该听说过的名字。无疑是绝佳的引用!

> 巧克力就像我最好的朋友，同时又让我领略极度快乐——也许没到极度，但肯定是最经常、最可靠的快乐。
>
> ——克洛伊·杜特-罗素《巧克力鉴赏家》

焦糖只是一时风尚，而巧克力历久弥新。

——米尔顿·斯内维利·赫尔希

赫尔希（1857—1945）是一位糖果商、慈善家，同时也是好时巧克力公司的创始人。好时巧克力公司如今生产一种暗淡的棕色蜡状物质，伪装成巧克力。

当我们无话可说，巧克力总能传递心曲。

——美国作家兼记者　琼·鲍尔[①]

哦，神圣的巧克力！
他们打磨你时屈膝在地，
以手殴打你时虔诚祈祷，
饮用你时目向天堂。

——作家马尔科斯·安东尼奥·奥雷利亚纳[②]于巧克力的抒情

要是糖果师傅愿意，
让形状决定夹心，
那就不会再有那些巧克力，

① 琼·鲍尔（Joan Bauer，1951—　），美国作家、记者。在成为著名作家之前，琼·鲍尔在麦格劳希尔公司和《芝加哥论坛报》工作多年。

② 马尔科斯·安东尼奥·奥雷利亚纳（Marco Antonio Orellana，1731—1813），西班牙博学者、法学家、作家。

被咬了一口又放回盒子。

——奥格登·纳什[①]以一种不太崇敬的态度如此说

你知道吗？他们有那种什锦巧克力，有些口味你喜欢，有些口味你不喜欢。你把你喜欢的口味都吃了，剩下的就是不太喜欢的口味了。每当苦痛之事发生，我总会想到这些没吃掉的巧克力。现在我把剩下的那些吃光，一切都又好了起来。人生就像一盒巧克力。我想你可以称之为一种哲学。

——村上春树《挪威的森林》

一旦有人认为最后这两句是汤姆·汉克斯操着美国南部口音说的，你就告诉他们这是日本作家村上春树最先写的，他们就会被瞬间“打脸”。

① 奥格登·纳什（Ogden Nash，1902—1971），美国诗人，以其轻松的诗句闻名。

巧做媒人

正如我们之前已经确定的那样（希望是吧），巧克力能够迸发出各式各样的风味。永远不要忘记，制作精良、原料丰富的巧克力可以产生四百多种风味，这就是为什么巧克力可以成功被做成各色不同风味的美食的原因。

了解其中一些奇怪的组合可以委婉高效地展露你在巧克力方面的专业知识。同样，能够把巧克力与不同饮料（例如茶、咖啡、啤酒、葡萄酒或烈酒）搭配食用，也会让别人觉得你懂的比表现出来的还要多很多。

你愿意的话，可以花上数小时将各种不同的巧克力与各式各样的饮料或不同寻常的食材进行搭配。你甚至可以撸起袖子、沾点阳春水，做些独特的巧克力甜点出来。考虑到做一个巧克力甜菜根蛋糕所需要的时间，你不如用这些时间把这部分内容读个两遍、做好笔记，说不定还能睡个午觉。诚然，这样一来，你就无法拥有一块得以享用的湿润美味的蛋糕了——甜菜根的土壤气息和巧克力简直绝配。到底怎么选还是看你自己。对于大多数读者来说，知道巧克力和甜菜根搭配起来很好吃这点就足够了。针对同样的人群，还有一点值得一提：巧克力和西葫芦也可以做出精美的蛋糕。要是有人以“在甜点中加蔬菜？”对此嗤之以鼻，你就质问他们吃过多少次胡萝卜蛋糕，让他们仔细想想胡萝卜蛋糕为什么要叫胡萝卜蛋糕。

因此，在接下来的篇幅中，请准备好面对一些与巧克力搭配着食用略显奇怪但其实味道很好的食物和饮料。你还能搞清楚这些组合为什么“登对”的个中因由。毕竟，在假行家吹嘘的时候，坚定的信念和一点确凿的证据会有很大帮助。

巧克力和奶酪

让我们开一个大胆的头。毕竟，往往是那些最极端、最出人意料的组合才能最有力地展示你的专业知识。巧克力和葡萄酒、巧克力和威士忌、巧克力和水果等等的搭配都很美味，但实际上可能比你想象的要有问题得多，而这些搭配是大家都没这么吃过却听说过可以这么吃的组合。你的不少（甚至全部的）听众肯定都已经以某种方式、某种形态尝试过了。要想震慑你的听众，你必须硬着头皮上，从最离经叛道的组合开始，否则就只能回家自闭去。因此，巧克力和奶酪这对看似怎么也走不到一起的组合就是你先发制人的利器。

务必注意：你的某些听众可能已经尝试过巧克力和奶酪的搭

配了。个别巧克力匠已然向市场推出过含奶酪的巧克力产品，例如波特酒佐斯提尔顿奶酪松露巧克力[①]。英国巧克力匠兼糕点师保罗·A. 扬还创新有一款含山羊奶酪和迷迭香的春季巧克力。甚至主流巧克力生产商也掺和进巧克力和奶酪的调配中来，可算谢谢最近费城奶酪-吉百利的组合了，你必须得记住它。所幸的是，就假行家想要达到的吹嘘目的而言，巧克力和奶酪的组合仍然像疯狂科学家倒腾出来的产物。把这两样东西搭配食用的行为甚至让赫斯顿·布卢门撒尔[②]惊呼："慢着，伙计们，这未免也太剑走偏锋了……"

你或许想要用这么个有趣事实一鸣惊人——说的时候最好以即兴的轻轻一笑或狡黠一笑增加效果——实际上，在座各位都可能已经体验过巧克力-奶酪组合而不自知。只要他们否认，那你就再次带上狡黠一笑，提醒他们可以在巧克力-奶酪的后面再加上"蛋糕"一词。谁还会没吃过巧克力味的乳酪蛋糕呢？当然，乳糖不耐的人是肯定不吃的。糖尿病患者大概也不吃。话归正题来，不知何故，那些从未想过吃——例如一整块单一产地的70％委内瑞拉巧克力佐以一块成熟的切达奶酪的人，几乎肯定会狼吞虎咽下一片用奶油奶酪、巧克力和消化饼干混合出来的

---

① 波特酒(Port)和斯提尔顿奶酪(Stilton)是一种经典的葡萄酒-奶酪组合。波特酒属于酒精加强型葡萄酒，而斯提尔顿奶酪则是英国特产的口味浓厚、香醇的蓝纹奶酪。这种巧克力则是将两种强劲的风味在浓郁的巧克力甘纳许中加以融合并平衡的产物。

② 赫斯顿·布卢门撒尔(Heston Blumenthal，1966—)，英国名厨、美食作家，总以不寻常的食谱引发公众关注，如培根鸡蛋冰淇淋、蜗牛粥等。

玩意。

那就需要再推敲一番，对理论进行拓展。你应该还记得有很多巧克力品种都带有浓郁的红色水果味或爽利的酸味。由于添加了醋，许多酸辣酱也有类似的果味和／或酸味。你会愉快地品尝后者，那为什么不能对巧克力一视同仁呢？同理，很多黑巧克力和红葡萄酒一样富含单宁，而你肯定会在享用上述成熟的切达奶酪时以红葡萄酒佐餐，那把红葡萄酒换成巧克力来吃这块切达奶酪也算不上量子跳跃吧？（“量子跳跃”只是听起来很复杂，实际上简单明了，详见《假行家量子宇宙指南》）。

葡萄酒-奶酪的搭配原则一般都适用于巧克力-奶酪。虽然有不少例外，但基本规则非常够用，对假行家来说也是个不错的开始。毕竟，这四百多种风味的巧克力优势明显，你只要把味道浓郁的东西和有相似味道的东西搭配起来就好。可别在吃浓郁而柔滑的奶酪时喝些浓重而富含单宁的饮料，因为醇厚的赤霞珠红葡萄酒和大块布里奶酪一起放进嘴里会让你贪多咽不下，这种亏吃一次就够了。果味重的巧克力没问题，奶油味重的巧克力也没问题。老实说，奶酪本身的质地也会给你一点选择可搭配的巧克力的提示。多数情况下，同类相配的经验法则百试不爽。亲自去尝试一些新的组合、新的搭配会很有趣，可同时也能让你作呕。只要记住，并以权威的口气强调：奶酪原则上就是牛奶呈现的一种方式，发明奶酪的目的是为了延长保质期。巧克力的制作，从某种程度上来说，也是这个目的。一些质量上乘、带一点酸味和果味的巧克力，正是出于这个原因，能和奶油奶酪一起造就美味。

斯提尔顿奶酪也是一个不错的选择，因为它的口味与巧克力有很多相似之处：奶油味，泥土味，或许还有一丝坚果味。这些味道听着是不是有点耳熟？

巧克力和咸口美食

巧克力并不是只可以跟甜食搭配，它也适用于各种咸口美食。第一时间涌上心头的必然会是墨西哥的“魔力酱”[1]——至少从甜咸搭配这一点上来说是这样。一定要管它叫魔力酱。所幸，很多人认为魔力酱是一种浓稠馥郁、巧克力味十足的酱汁，他们的这种认知通常源自美国得克萨斯州“山寨”墨西哥餐厅所供应的偷工减料的版本。出于本书要塑造你为优秀假行家的目的，你必须清楚真正的魔力酱远不止于此（哪怕你只是从寥寥数页间接知晓的），还要能欣然向你的听众揭穿“山寨”魔力酱。魔力酱在颜色、所用配料、地区风格上多有差异，通常默认你所说的“魔力酱”是青椒魔力酱（mole poblano），除极少量的巧克力含量外，还有20—30种其他成分（具体取决于你在几百种配方里用了哪一种）。准备完酱汁时，它其实并没有什么出众的巧克力味。巧克力已经融化了，为酱汁提供的不过是深度的风味和丝滑的质地。

---

① 魔力酱（Mole），其纳瓦特尔语读音类似汉语“魔力”，本意为“酱”，是墨西哥一种传统酱汁和腌料，一般含有水果、坚果、辣椒，还有黑胡椒、肉桂或孜然等香料。

亲自去尝试一些新的组合、新的搭配会很有趣，可同时也能让你作呕。

同理，在炖肉或辣椒酱中也可以加入少许剁碎的巧克力，效果出奇的好。当然咯，往咸口的菜肴里加巧克力能提升菜品风味这种事情才不会让假行家如你震惊，毕竟你在众人眼里已经是通晓世事的巧克力专家。你还可以进一步说明巧克力-肉食搭配的食用乐趣，随口提及某连锁牛排餐厅为食客呈上的一种新奇小点——用牛肉汤汁制作的巧克力。

要进一步论述巧克力与生俱来的和其他东西相配的能力，你还可以通过讨论近来海盐在甜品（尤其是正风靡的焦糖海盐巧克力）制作中的普及程度来达成。

海盐味焦糖起源于法国布列塔尼地区，该地区拥有丰富的黄油和海盐资源。于是，必需品乃发明之母，他们倾向于在任何可能的地方消耗它们，海盐味焦糖应运而生。巴黎著名的糕点师皮埃尔·埃尔梅[①]受到海盐味焦糖的启发，推出了第一款咸味焦糖马卡龙。2003 年，伦敦顶级手工巧克力品牌工匠巧克力为戈登·拉姆齐的餐厅创制了一款液体海盐渍焦糖巧克力。其他巧克力匠纷

---

① 皮埃尔·埃尔梅（Pierre Hermé，1961—　），法国糕点师、巧克力匠。他在 2016 年被世界五十家最佳餐厅授予世界最佳糕点厨师的称号，并在 2016 年被《名利场》杂志评为世界第四最具影响力的法国人。

纷效仿，各大餐厅也紧随其步伐。甚至星巴克都推出了焦糖海盐味的热巧克力，英国玛莎百货也推出了焦糖海盐酱。除此之外，瑞士莲现在有一款备受追捧的黑巧克力名为“海盐之触”，而英国巧克力品牌绿与黑也生产自己的海盐味牛奶排块巧克力。在不到十年的时间里，咸味巧克力和焦糖以及上述所有诡谲大胆的巧克力搭配都变成了香饽饽，甚至在某种意义上开始领衔烹饪界。

巧克力和葡萄酒

既然口味丰富的奶酪能够与巧克力搭配得当，那么葡萄酒也同样可以。是的，巧克力和葡萄酒显然是一对好搭档，但如果别人讨论起这对组合来，你要能坚持自己独树一帜的观点。

葡萄酒和巧克力似乎是天作之合，其品鉴过程非常相似——都要从分析外观开始，接着轻柔地闻香，最后尝味道、品口感。若要同时品鉴巧克力和葡萄酒，可以先喝一小口葡萄酒，再吃一小块巧克力，待巧克力在舌面开始融化时，再喝第二口酒。整个过程都不可避免地要伴以你正逐渐完美的微微皱眉向远方凝望的神情。要是你想表现得更加投入，咂嘴、啜饮的声音也不是绝对不能发的。不过，建议你私下里提前练习一番，万一控制不得当，口水滴落或喷到别人身上，会严重破坏你的权威形象。

许多葡萄酒和许多巧克力会有相似的风味。你对它们的评价应基于酸度、果味、单宁和你注意到的其他味道，并牢记：这是你的味蕾、你的鼻子……还有，是谁说了算来着？没错，回答正确，是你来做主。要是信心满满，就让它们拥有：松香、甜菜根的味道、一丝地板抛光剂的味道、一种需要细品才能发现的羊杂布丁味、烤肉味、葡萄干味、小青柠味……

如果你在品鉴阶段没有足够的信心这么夸夸其谈，或者只是想展示一下自己的观点和知识，那么可以直接提一些已被实践验明正身的实在搭配。对于单宁高的较酸黑巧克力，可以尝试将其与仙粉黛或茶色波特酒搭配食用。对牛奶巧克力（通常酸度较低、甜度较高）而言，搭配麝香葡萄酒这种柔和的甜葡萄酒是绝对的安全牌，雷司令和长相思也不赖，佐餐甜酒也是合适的选择。务必牢记不要想当然：你个人不一定喜欢上述搭配，但总有其他人可能会喜欢，反之亦然。

巧克力与其他饮品

尽管巧克力的口味多样，但是杜松子酒和伏特加酒却很难与之搭配，主要因为这些烈酒干型的本质。况且，纯粹无添加的伏特加常常没有任何明显的味道。朗姆酒倒是不错的搭配选择——尤其要搭配牙买加巧克力，威士忌亦然。许多威士忌在波旁威士忌酒桶里熟成，赋予其香草味和焦糖味。如果威士忌在雪利酒桶中熟成，则会带有更甜的葡萄干味。酒标上应当注明这些内容，借此也要再一次强调包装上的成分标签对于一位有经验的“巧克力（或其他门类）专家”的重要性。如艾雷岛威士忌等不少威士忌都带有一股咸味，因此和咸巧克力或焦糖海盐巧克力总是胶漆相投 。将威士忌和巧克力成功配对后，再侃几句咸味焦糖的简要历史，应该能让你显得颇有学问。对了，咖啡配巧克力也是相对稳妥的选择。

巧克力和其他风味

要从哪里说起呢？更重要的是，要在哪里结尾？瑞士莲如今开始在全英国的超市销售一款添加了芥末（日本辣根）的排块巧克力，以及一款出人意料好吃的辣椒味排块巧克力。保罗·A. 扬最畅销的巧克力用马麦酱[①]调味，随后生产马麦酱的公司迅速介入，制作了自己的"非常奇特"100克排块巧克力，用其独特的酵母以98%的牛奶巧克力和2%的马麦酱（包含洋葱粉和大蒜粉）混合调味而得。美国孚日山脉巧克力有一款苹果木熏培根味的排块巧克力。在肥鸭餐厅[②]里，赫斯顿·布鲁门撒尔曾为食客提供一款工匠巧克力出品的烟草巧克力作为餐后甜品中的一款。他还曾以为花椰菜烩饭搭配巧克力果冻而闻名。瑞士艾克森巧克力自己种植可可豆和胡椒，并将两者结合制作出特色的巧克力。每个人都吃过辣椒，但有时那种味道真是令人难忘。

---

① 马麦酱（Marmite）是一种由酵母提取物制成的可口食品，由德国科学家尤斯图斯·冯·李比希（Justus von Liebig）发明，原产于英国。它是啤酒酿造的副产品，目前由英国联合利华公司生产。马麦酱是一种黏稠的深棕色酱汁，带有独特的咸味，具有强烈的味道和浓郁的香气。这种独特的品味体现在其市场口号中："爱它或恨它。"由于马麦酱在英国流行文化中的突出地位，该产品的名称常常被用作某种后天习得的品味或倾向于两极化观点的隐喻。

② 肥鸭餐厅（The Fat Duck），位于英格兰的一家高档餐厅，由名厨赫斯顿·布鲁门撒尔经营。

巧以烘焙

请原谅这句话一而再再而三地出现，但它对假行家吹嘘来说简直是个取之不竭的宝矿：巧克力有超过四百种可识别的风味，使其既能直接用于传统的食品搭配方法，又能成为开发新口味的百搭成分。

那么可不可以用巧克力来烘焙呢？多亏了某档电视节目，让烘焙突然时髦起来，化身理想生活的代名词。曾几何时，人与人之间不过就是攀比房子、汽车、工作、财富，而如今能拿来攀比的还有你家的酸味酵头有多少年头、奶油奶酪的光滑细腻度、使用奶油抹刀的技术以及你对湿润蛋糕胚的公然蔑视。

巧克力充满无限可能的形态会使得它在烘烤过程中带来意想不到的挑战。弄对了，人们会为你游行庆祝，授予你荣誉公民身份[1]，在你意识到之前你就已经赶着羊过了伦敦塔桥[2]……或者现在不需要你这么做了。其他糕点师会向你点头示意，致以绝对的敬意，因为他们非常清楚要把巧克力的味道融合进蛋糕或是别的点心里有多困难。当然，大多数人都不知道用巧克力烘焙有这么难，而对这一技巧的低估正好是你趁机吹嘘的好机会，借此分享你的连珠妙语、展现你智慧的闪光。相信大家都吃过那种“巧克力”蛋糕、“巧克力”饼干和“巧克力”布朗尼，它们长着巧克力的深棕模样，内里流淌着熔融的巧克力夹心，似乎整个被巧克力的美味渗透了。但是当你迫不及待地把它放进嘴里，尝起来……好的吧。除了甜，就没有什么其他的味道，事实证明它们也没有什么巧克力，最多就是很棕。“哎，”你可以这么宣告，“真可惜。只要他们做点心时用的是可可，而非热巧克力/可可固形物含量更高的排块/搅拌得更彻底，也不至于这么……”

烘焙通常被认为食物烹饪技术中最具科学性的方法，因此你必须以同样科学的方式对其进行描述。哪怕玛丽·贝瑞[3]这样的

① 原文作Freedom of the City，是英国城市授予重要市民、来访名人或政要的一种荣誉。这一传统源于中世纪授予受人尊敬的公民免于农奴制的做法，故其直译应为“城市所给予的自由”。在如美国的一些国家，受人尊敬的居民和游客可能会被授予城市钥匙(Key of the City)，是一种类似的象征性荣誉。还有一些地区只颁发证书就授予荣誉公民身份。

② 早期，在伦敦成为荣誉公民意味着要将羊群经过伦敦桥赶进伦敦金融城，但究竟从何起源存疑。如今，这种所谓的“特权”只是象征性的。从2015年起，赶羊过桥已经成为城市的年度活动。

③ 玛丽·贝瑞(Mary Berry，1935—)，英国美食作家、厨师、面包师、电视节目主持人。贝瑞已经出版超过七十五种烹饪书籍，包括2009年最畅销的《烘焙圣经》(*Baking Bible*)。

神人好像可以完全靠目测确定面粉和黄油的用量，但这并不是普通的业余爱好者可以效仿的技巧。这种水平的厨师，其随意的搅拌背后往往包含对各种成分（面粉、鸡蛋、牛奶、水、糖、调味料、泡打粉等）和外在因素（用量、温度、搅拌时长）之间平衡的深刻理解。所有这些细节都会改变成品的味道和质地。

考虑到目前还没有《假行家烘焙指南》，本书有必要为你提点一些用巧克力进行烘焙的技巧和一般烘焙技巧，供你参考，并在适当的时候露一手，以展现你无上的烹饪智慧。

如上所述，烘焙是一门科学——怎么强调都不为过。因此，导致最终结果偏差乃至脱轨的因素有很多，不准确的刻度、量匙和量杯的校准不当、烤箱的刻度盘和实际温度的偏差等，都可能导致烘焙的失败。然而，在本书中，失败乃假行家吹嘘之母。

最好用通俗易懂的话语来阐述烘焙的科学性，深入浅出的讲解才会使你显得更渊博。你得这样做，先记住下述几点：每种烘焙点心中，一些成分起到支撑结构的作用，一些成分使成品更柔软，一些成分是为了调味，还有一些成分（比如巧克力）有多重目的和作用。

将巧克力、面粉和蛋清混合，可以使面糊成形。你若有意，就把它们比作配方中的混凝土和钢筋，即糕点的承重骨架。柔软的糕点源自诸如糖、脂肪和蛋黄这些嫩化成分。巧克力本身含有脂肪和糖，也可以帮助提升糕点的风味和强度。

有一条简单的经验之谈：用你能获得的最优质的巧克力。当然，这并不是说你应该兴高采烈地将精心采购、价格昂贵、单一可可豆来源的工匠巧克力全部扔进搅拌碗里，但是劣质巧克力做出来的只能是劣质蛋糕、劣质布朗尼和劣质饼干。

布朗尼尤其如此，绝对会成为集大成的劣质。烘焙用料总共就那几样——鸡蛋、黄油、面粉、糖、巧克力、可可粉，意味着每个单一元素在影响成品质地、风味和外观方面都很关键。例如，增加可可粉的用量可以增加风味，但也会使糕点的质地更为干燥。假如你追求的是完美的巧克力软布朗尼，多加可可粉无疑会让你大失所望。同样，如果你选用的是烘焙用巧克力或巧克力碎——通常含有如稳定剂、香草精、糖之类的其他成分，也会改变成品的质地和口味。使用可以直接吃的巧克力是烘焙的最佳起点，也是最简单好记的一条烘焙法则，更是假行家吹嘘的利器。

你所要记住的另一个关键问题，也是我们之前讨论"70％巧克力"所提到过的：是什么东西构成了那剩下的30％？如果是糖，倒挺让人意外的，因为它会影响成品的整体甜度。你还要记住的是纯可可粉和热巧克力粉不可互换使用：前者是不添加糖分的，而后者总是包含某种形式的糖。脂肪含量也要放在心上：若在糕点制作中使用牛奶巧克力，会导致成品糕点的甜味对巧克力味喧宾夺主，而且会比预期的口感更加油腻。

添加巧克力的方式也很重要。如果加入巧克力是为了提升糕点的口感（例如曲奇中的巧克力碎），你可以把巧克力切成小块，尽可能晚地加进面糊里。这么做是为了让它们没有机会全部沉到面糊底部（这一招同样适用于往面糊里添加水果块，下次吃到水果都在底部的蛋糕，你就可以据此纠正）。给巧克力（或水果）裹上薄薄一层干粉也可以减缓其下沉的速度。

如果加入巧克力是为了强化糕点的风味，你会需要把它融化。微波炉在这一步可以派上用场，但很容易热过头或是把巧克力加热到焦掉。长期以来，最受专业认可的融化方法是水浴法（bain-marie）：把巧克力放在无水无油的碗里，再把碗放入盛着热水的盆里或其上方。水浴法可以让巧克力慢慢融化，从而避免巧克力中仍存在颗粒或被烫焦的风险。

再记一个关键点：巧克力块的大小会影响融化。小而均等的碎片会均匀融化，要让大而不匀称的巧克力块完全融化需要更长的时间，这就增加了巧克力焦化的风险。

切莫忘了，烘焙是一门科学，因此要按正确的顺序添加配料，不要鬼迷心窍地突然放纵你的实验精神；也不要跳过食谱中列好的步骤，要一步步来。巧克力的脾气像极了反复无常的天气。

食材间的微妙平衡甚至会因为没有刮刀而被打破。不管搅拌碗里剩下的是什么，都是必不可少的那部分。此外，配料的混合方式也起着至关重要的作用。均匀搅拌尤其要紧：没有拌开的面粉、糖或泡打粉会直接影响成品的味道、质地，甚至形状。

用错了糖都能改变最终的质地。如果食谱中要求使用幼砂糖，那么砂糖就不是合适的替代品，而且可能导致成品比预期更干、颗粒感更强。

没有人希望自己做出来的蛋糕差强人意。如果实在没办法，做出来的东西已经丧失了风味或质地不佳，那提前备好几个让人信服的借口是相当明智的。你的借口都不需要是全然准确的，只要能把烘焙失败的责任转嫁走就行。

哪怕面前的蛋糕完美无缺，你仍然可以挑点刺：夸赞其美味的同时，用揣测的口气表示多加一点点盐会不会让它更好吃，毕竟盐是巧克力的最佳搭档之一，能够在糕点中以无处不在的咸味焦糖形式释放出巧克力固有的甜味和风味。

让其他客人昂贵的手工巧克力伴手礼黯然失色的最好办法，不就是把它和来自世界另一端高深莫测的产品相提并论吗？

原豆精制巧克力[1]

正如我们已经定义过的，巧克力制造商是指将加工好的可可豆变成巧克力的人或制造商。其中不少就像王婆卖瓜，反复夸大自己的资质。不过，客观来说，鉴于制作一条巧克力所涉及的“炼金术”之复杂，或许我们应该谅解他们的自负。

几大巧克力制造商生产的巧克力占据了全球主导，越来越容易被人们买到。这些产品要么以纯巧克力的形式出售，要么被巧克力匠改造为自己的产品并附上其品牌标签出售。很快，我们会细细探讨这些巧克力匠，但此时，如果只是为了让你能够以严肃语气说出诸如“手工小批量生产”之类的词，那么先关注一些主流

---

① 原豆精制巧克力（bean-to-bar）一般指通过制造商自行将可可豆加工成产品来生产巧克力，而不是仅仅从其他制造商那里融化巧克力再制。原豆精制的巧克力公司有些是大公司，出于经济原因拥有整个加工过程；而其他小公司旨在控制整个加工过程，以改善质量、工作条件或环境影响。

制造商就够了。

世界上已经有不计其数的巧克力制造商，而且数量还在不断增加。接下来，我们会聚焦英国的一些王牌制造商以及世界各地不得不提的品牌。读罢，你甚至能让你的听众觉得你全程协助了这些制造商筛选可可豆、评估可可豆的烘焙程度、看着它们风干、修正巧克力的调温工序，一直到最终贴上标签。

马斯特兄弟

布鲁克林算得上初出茅庐的手工食品生产者心中的圣地之一，所以不可避免地会有人选择在那里开始自己的巧克力行当。其中正有这么两个人：里克·马斯特和迈克尔·马斯特两兄弟。里克曾经在纽约的一些别致场所——如苏荷馆[①]和谢来喜酒馆[②]——担任主厨。迈克尔原本在电影行业做财会工作。兄弟俩都留着让人过目难忘、别具一格的络腮胡子。马斯特兄弟的商店或工厂外观装饰都直接是光秃秃的砖块和木头，工匠味儿还是挺重的。他们的巧克力包装纸也很有特色，有些会让人想起古早精装书内封用的精美纸张，还有些看起来则像老派建筑师/制图师的绘图纸。

---

① 苏荷馆(Soho House)是一家私人会员连锁俱乐部，最初针对艺术和媒体界人士，其发源地是伦敦苏荷区希腊街40号。该公司现在在世界各地经营俱乐部、酒店等。

② 谢来喜酒馆(Gramercy Tavern)是一家新式美国菜餐厅，位于纽约市曼哈顿区，该餐厅被《米其林指南》(*Guide Michelin*)授予“一星餐厅”的荣誉。

马斯特兄弟从委内瑞拉、马达加斯加和多米尼加采购可可豆；定期调整其产品的制作调料，添加不同的口味和成分，例如杏仁、海盐、辣椒以及来自纽约的树墩牌咖啡。马斯特兄弟的原味马达加斯加排块巧克力一直受到消费者的追捧，可以称得上是兄弟俩的杰作。这款巧克力含有 72％的可可固形物，具备马达加斯加可可豆的典型风味：初尝会体会到适宜的酸度和浓郁的柑橘味，回味时嘴里则带有淡淡的红色水果味，但保证没有地板抛光剂的味道。

2015 年，马斯特兄弟引发了一连串争议，原因是他们被指责使用其他制造商大批量生产的平价巧克力，把这些巧克力融化后作为自己的产品出售。据马斯特兄弟的声明，他们在事业起步阶段确实用量产巧克力测试工艺，但这是为了弄清巧克力的制造方法，而且这些实验品从未向公众出售。首席执行官里克·马斯特还引用了一句马克·吐温的名言：“在真相穿上鞋子之前，谎言可以跑遍半个世界。”同时将该报道斥为“空穴来风”。但是嘛，所谓：造谣一张嘴，辟谣跑断腿。巧克力假行家有着得天独厚的机会拨乱反正。

弗雷斯科

美国已然成为巧克力制造商的精神家园。或许是因为跟美国与众多可可种植地的地理位置相对较近有关，又或许是由于全美各地手工食品生产商的崛起，不过更可能是两者的结合。

从马斯特兄弟所在的东海岸横跨美国，弗雷斯科巧克力正在

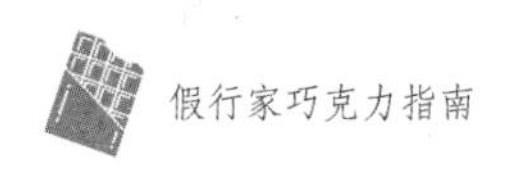

以“手工小批量生产”的名义创就伟业。你经常会听闻食品生产商夸赞自己的产品如何具有本地特色，如何合时令。弗雷斯科的产品可没法说自己具有本地特色，因为他们所在的美国华盛顿州林登市，并“没有大量”(读作“零”)的可可种植。但是他们对时令还是非常重视的。

弗雷斯科生产的每一批巧克力都依据不同的配方，而配方则根据可可豆的产地、可可含量、烘焙程度和精炼时间进行调整。这些信息以及费雷斯科给特定配方分配的内部编号都详细记录在标签上。由于可可豆会随着季节发生一系列细微变化，弗雷斯科还会依此对配方进行调整，以充分利用当季可可豆的特色。正如他们所说：“我们不可能创造每一种组合，但我们可以尝试。”

弗雷斯科巧克力用的可可豆来自世界各地——委内瑞拉、马达加斯加、巴布亚新几内亚、多米尼加和牙买加，这些还只是他们最近使用的一些可可豆。他们生产出的巧克力又通过零售商卖往世界各地。弗雷斯科最新一款配方编号为 217 的巧克力颇受好评。这款巧克力由委内瑞拉初奥种植园出产的可可豆制成，入围美国优质食品奖[①]决赛，其可可固形物含量达 70%，经深度烘焙和中度精炼。在描述“弗雷斯科 217”的味道时，记住要用“无花果”“咖啡”“吐司”之类的词。

---

① 优质食品奖(Good Food Awards)是为美国杰出的手工食品生产商和提供其原料的农民举办的年度奖项竞赛。

达菲

达菲巧克力来自英国林肯郡克利索普斯。一般来说，提到巧克力的话，克利索普斯不该是你第一个想到的地方。可就本书的目的而言，能使它变得让你难忘，就是桩妙事。

前 F1 工程师达菲·谢尔当本来以“红星巧克力”的名义上市。大概受到了其他英国巧克力制造商（详见后文）的启发，如今他也用自己的名字命名自家生产的、逐渐获得高度赞誉的手工巧克力系列。达菲·谢尔当原先的从业背景……是有点不伦不类的赛车行当，当他得知当时的吉百利公司是英国唯一的原豆精制巧克力生产商时，他决心要打破吉百利的“垄断”，开始自行制作巧克力。因此，他开始不断实验，并在其后几年里逐渐善于此道。他至今仍继续研究，身体力行。生产过程中的每道工序，他都要亲自品尝检查，可能也是能检查出什么来的唯一方式吧。达菲的巧克力可以通过邮购、当地供应商、伦敦的主要零售商和各色食品展销会买到，他常常也自己现身卖巧克力。

正如你现在所了解到的，公司小而独立是件好事，尤其能省下很多中间环节的人事费用。你可以说，最好的巧克力制造商就应该像达菲这样：直接与可可豆种植者合作，用较高一些的价格买来优质可可豆。否则，这些优质可可豆就会流向那些生产大户。

所有的达菲巧克力都用源自单一产地的可可豆。其排块巧克力中，“厄瓜多尔之心”系列（Corazón del Ecuador）尤其受消费者青睐。达菲用这款厄瓜多尔豆子制作出两个主要版本的巧克力：可可固形物含量为72％的黑巧克力和含量为43％的牛奶巧克力。正如你所知道的——不过换种方式说也无妨，厄瓜多尔可可豆制成的巧克力是典型的花香型巧克力。达菲的巧克力也是：黑巧克力带有淡淡的橙花味，牛奶巧克力花香淡一些，却仍有令人愉悦的柑橘味。

威利的可可

你可能在威利·哈考特-库兹的电视节目《威利的奇异巧克力工厂》中领略过这位巧克力匠的风采[1]，这档纪录片讲述了他如何成为原豆精制巧克力制造商的奋斗历程。他比大多数巧克力匠都领先一步，因为他其实拥有自己的可可种植园。巧的是，他的种植园正好就在委内瑞拉亨利·皮蒂尔国家公园里，与备受赞誉的初奥可可种植区邻里相伴。

哈考特-库兹在自己的种植园里翻种克里奥罗可可树，在德文郡建厂时历经各种考验和挫折，如今终于顺利生产出了排块巧克力和富于个人特色的圆柱形巧克力。以假行家的角度或从其他方面来看，这些柱状巧克力意义非凡，因为其可可固形物含量达100％。如果你想体验巧克力中的单宁——那种口干舌燥的感觉，就来一块固形物含量百分百的巧克力。顺便一提，圆柱形的灵感

---

①《威利的奇异巧克力工厂》(*Willie's Wonky Chocolate Factory*)，英国电视系列纪录片，于2008年3月播出，展示了威利·哈考特-库兹为在英国建立一个100％可可固形物巧克力品牌所做的努力。哈考特-库兹的目标是在委内瑞拉种植高质量的可可豆，然后在英国将它们加工成豪华巧克力产品。

来源其实是哈考特-库兹一截作为原始模具的管子。

他的圆柱巧克力超市里都有得卖，可供选择的款式也很多。这种巧克力的设计用途是烹饪——把巧克力磨碎后撒在各种食物上、混合在蛋糕里、融化于热巧克力中，其包装纸内侧还附有食谱。这些巧克力的名字听起来则像是二十世纪七十年代美国警匪片中坏人之间交易的东西：什么“秘鲁纯黑”“尼加拉瓜纯黑”啦，当然还有“委内瑞拉纯黑”。除原产国，其巧克力标签还会提供有关可可豆产地的具体位置，例如：“委内瑞拉纯黑”就是可可豆取自库亚瓜庄园（带有果香和坚果味）、上卡雷纳罗（带有坚果味和香辛味）以及加勒比河上游地区（带有柑橘味）的圆柱巧克力。

达姆森

达姆森由“巧克博”[1]——互联网规模最大、资历最老的巧克力博客之一——创始人多姆·拉姆齐，可可速递公司（Cocoa Runners）——一家致力于为给英国商店和咖啡馆进口、供应世界顶级巧克力的公司，以及“世界巧克力指南网”（World Chocolate Guide）共同出品。

2014 年，多姆·拉姆齐开始实验制作自己的巧克力，并于

① “巧克博”（Chocablog）是一个致力于巧克力的博客，定期发布巧克力评论、美味巧克力食谱以及来自世界各地深度的专题报道。自多姆·拉姆齐于 2006 年 3 月创办“巧克博”，该博客已拥有超过三万名订阅者，被列为英国十大食品博客之一。

2015 年创办了达姆森。达姆森开局大利：拉姆齐的马达加斯加 70％单源黑巧克力和厄瓜多尔 70％单源黑巧克力都获得了 2015 年巧克力学院奖[①]的铜牌，而达姆森则被授予了“最受瞩目品牌奖”的特别奖项。

遗憾的是，2016 年 7 月，多姆·拉姆齐到达达姆森在伊斯灵顿的商店时，发现那里已被浓烟覆盖。他认为是乱拉有问题的电线引起的火灾。面对巨额的维修费用，达姆森似乎要完蛋了。然而，了不起的巧克力爱好者在关键时刻站了出来，通过一项众筹活动筹集了足够资金，让拉姆齐东山再起。

拉姆齐对巧克力制作配方的一点小改动在于，研磨后先熟成两到四个星期，再进行下一道工序，以便在调温前就形成巧克力的风味。很多制造商估计都是这么干的，因为这样也有助于获得更一致的风味，只是很少有人像多姆这样开诚布公。既然如此，我们得感谢多姆，谢谢他给我们提供了一些非常有价值的吹嘘信息。

娅曼蒂

娅曼蒂品牌身后的兄妹阿莱西奥·特谢里和切奇莉亚·特谢

① 巧克力学院（Academy of Chocolate）由五位英国巧克力专业顶流于 2005 年成立，学院旨在促进人们进一步认识到高级巧克力与我们大多数人食用的量产巧克力糖之间的区别。著名的巧克力学院奖（Academy of Chocolate Awards）于 2005 年启动，旨在识别、认证、展示世界上最有才华的巧克力生产商和最优质的巧克力。

里很难不让人心生恨意。他们不仅制作出全球最佳、备受世间糕点师和美食家赞誉的巧克力，而且还是在托斯卡纳——确切地说是位于比萨附近的蓬塔德拉——一间外观滑稽而有趣的工厂里制成巧克力的。

切奇莉亚·特谢里是该品牌的巧克力匠。阿莱西奥·特谢里在家族主营糕点的食品公司工作。二十世纪八十年代，阿莱西奥前往委内瑞拉，开始与当地农民建立商业关系。随着与当地的合作关系日益深化，娅曼蒂开始接触初奥种植园（是我们反复提到的著名种植园）生产的可可豆。他们还用波切拉纳可可豆做出了一种排块巧克力。假行家们会对这种可可豆饶有兴趣，因为它附带许多有趣的事实和数据，而且产量稀少、价格昂贵。波切拉纳是浅色的克里奥罗豆，还记得吗？即使娅曼蒂巧克力中可可固形物高达 70%，其颜色仍然是相对较浅的。全世界每年产的波切拉纳豆只有刚够的量，仅能制作出约三千克巧克力。娅曼蒂占这三千克的三分之一——准确地说，是两万块五十克的排块巧克力，每一块都有独一的编号。就味道而言，娅曼蒂巧克力圆润、细腻、带有微妙的果香和辛香，且回味持久。强烈建议你尝试一下娅曼蒂巧克力，不过明了上述信息应该能省下你真去买来吃的十英镑。

法芙娜

与娅曼蒂一样，法芙娜已经成为巧克力品质的代名词，以至于糕点师和巧克力匠经常强调他们的成品都是由这一特定制造商的巧克力做成的。

法芙娜是一家法国公司：很好记，因为其工厂位于罗纳河谷（机敏的假行家应该已经发现了品牌名字的出处[①]）。法芙娜得享盛名的一部分原因是持久的生命力。该公司在二十世纪二十年代初就以某种形式存在于世了，1947年正式成为“法芙娜”，也许还是第一家利用70％固形物含量尝到甜头的制造商。1986年，随其旗下“瓜纳哈”巧克力的问世——很奇怪地被消费者冠以“世界上最苦巧克力”，该公司在巧克力领域推出了“特级产地”概念[②]。

按照如今的标准，这种源自加勒比海[③]的“70％巧克力”依旧很赞，但尝起来似乎并不是那么苦。如你所想，产自加勒比海的可可豆——假行家如你已经牢记于心——拥有所有的典型风味，从花香到果香、从坚果味到烤面包味、从香料味到烟熏味。因此，（也许有人会认为）“瓜纳哈”巧克力是很好的吹嘘对象，但或许“展现品尝能力”更为准确。请注意，它是一款制作精良的巧克力。此外，你可以放心地说出自己品出的任何风味，绝对没有错误的答案。

---

① 罗纳河谷的法语原文为Vallée du Rhône，法芙娜的法语原文为Valrhona。

② “特级产地”（Grand Cru），是法国巧克力制造商为应对日益激烈的全球竞争，效仿法国葡萄酒而创的营销概念。“特级产地”意味着制作巧克力的可可豆都来自单一国家或地区。

③ 瓜纳哈岛（Guanaja）是洪都拉斯的海湾群岛之一，位于加勒比海。1502年，克里斯托弗·哥伦布（Christopher Columbus）在其第四次航行中登陆瓜纳哈岛，这次登陆也让他第一次接触到可可。

choco Cake

VALRHONA

莫迪卡巧克力

那些了解下述这些内容的人（大都是假行家的同道中人）说，在西西里岛南部一个迷人的巴洛克风格古镇里生产的巧克力[①]是最接近阿兹特克人原始的xocoatl的。但莫迪卡并算不上什么真正的制作正宗巧克力的公司。相反，莫迪卡是一个致力于保留世代相传的古老技能的社群。

十五至十七世纪，西西里岛成为西班牙帝国的一部分，西西里人得益于征服者从南美洲带回的许多奇特的异域食品。可可正是引莫迪卡人好奇的其中一种，结局就是莫迪卡人传承了四百年的手艺，生产可能是全球最佳的巧克力。可以搬弄历史是了解莫迪卡巧克力的一个绝佳理由，但另一个理由是其制造过程中所涉及的无价的"冷加工"程序，也够假行家大吹特吹。

莫迪卡巧克力的主要成分是手工磨碎的可可豆和糖，除了辣椒、肉桂和香草等调味料，几乎没有什么其他成分。烘烤后，用磨刀石将可可豆磨碎，然后将其小火加热，再加入糖。但是，重点来了（你必须记住）：混合的温度永远不会超过40℃，因此糖不会融化，并保持砂粒状的质地。

因此，一有机会，你就可以拍着胸脯宣称：莫迪卡人做巧克力的秘诀在于冷加工。你还能补充说，这种加工方式比现代工业制造方法保存了更多营养和风味。没有人能有法子反对你的观

---

① 指莫迪卡巧克力（Cioccolato di Modica），是意大利西西里岛莫迪卡的特产，其特点是采用古老原始的配方，使用手工研磨（而不进行精磨精练的工序），使巧克力具有独特的颗粒质地和芳香。

点，可如果这个话题被提了起来，你也可以援引西西里岛本土作家列昂纳多·夏夏[1]：“莫迪卡巧克力的风味无与伦比，品尝它恍如品味绝对和完美的原始，而其他地方生产的巧克力，即使是最有名的，也会掺假，那是对其原初的腐坏。”

要么是莫迪卡人真的受到了什么特别的启示，要么就是他们比比利时人更会吹嘘。

其他巧克力制造商的名号

帕卡瑞

帕卡瑞来自厄瓜多尔，作为一种可持续发展的模式而被开发出来。在帕卡瑞的模式下，制造商与当地种植者一起工作，而不是将可可豆运往全球。帕卡瑞巧克力比多数巧克力经历的加工工序都要少，其生产过程一直处于较低温的环境下，据说可以保存可可豆的有益成分。结果造就了这种巧克力的强劲风味和轻微的颗粒感，而不是其他生产商追求的那种细腻光滑。

格林纳达巧克力公司

一家你永远猜不到他们基地在哪里的巧克力公司……格林纳达巧克力公司是为数不多在同一地点种植可可树并制作巧克力的生产商之一。其生产的巧克力因大胆的风味而得到当之无愧

① 列昂纳多·夏夏(Leonardo Sciascia，1921—1989)，意大利作家、政治家，生于西西里岛，其多部小说被改编为电影。

的好评，或许是由于岛上火山土的土质。与众不同的是，该公司的所有机器都以太阳能为动力。因此，当你沉浸在他们精美的有机巧克力中时，你可以顺便夸奖一下自己也在为拯救地球尽一份力。他们甚至用帆船出口巧克力。不幸的是，格林纳达巧克力公司的创始人之一莫特·格林于2013年不慎触电身亡，当时他在用来冷却巧克力以供海外运输的太阳能电机上工作。假行家应该了解这件不幸的事，但务必不要把其中的讽刺表现得太明显。

睡鼠巧克力

近年来，曼彻斯特美食的声誉大增。自2015年5月以来，一家微型原豆精制巧克力生产商在老格拉纳达制片厂（长期播放的肥皂剧《加冕街》[①]的旧片场）手工进行分拣、烘烤、风选、研磨、混合、精磨精炼和调温工序。从可可豆一路变成巧克力，还能是微型生产？人们都不会这么轻描淡写地评价埃娜·沙普尔斯[②]只在《加冕街》待了二十年。同达姆森一样，睡鼠巧克力也对可可豆做熟成处理，并在巧克力学院奖的评选中摘得奖项，其中包括可可固形物含量51.5％的危地马拉牛奶巧克力。

---

① 《加冕街》（*Coronation Street*）是英国播放时间最长、收视率最高的电视剧集，至今已播出超过五十五年。

② 埃娜·沙普尔斯（Ena Sharples）是英国独立电视台（ITV）肥皂剧《加冕街》中的一个虚构人物，由维奥莱·卡森（Violet Carson）扮演。她出现在1960年12月9日播出的第一集中，并在该剧中出演到1980年4月2日。

酒店巧克力

从小橡子里可以长出巨大的橡树。[1] 既然正谈论的是酒店巧克力，那就得把“小橡子”读作“可可豆”，把“巨大的橡树”读作“大型零售企业”。自 2004 年第一家门店开张以来，酒店巧克力的创始人安格斯·瑟威尔和彼得·哈里斯以自己的圣卢西亚可可种植园为根基，建立了由九十三家商店、咖啡馆、餐馆与一家酒店构成的庞大商业帝国。显然，商业上的成功也孕育着势利和反挫——这很英国。但是，作为经验丰富的假行家，你可以乐呵地反其道而行之，尤其因为最近酒店巧克力大大改进了他们的大部分产品，推出了自己的“超级牛奶”巧克力。作为一款牛奶巧克力，其可可固形物含量相当高，而且所用可可豆产自他们自己的拉博特庄园，并做了许多很道德的事情[2] 来支持全世界的可可豆种植者。他们还将浪费降到最低，甚至用可可壳来制作类似茶水的草本浸液。简而言之，虽然他们成功得让人不爽，但是消费者甚至假行家如你喜欢酒店巧克力都是很正常的事情。

可可浓情

可可浓情是约翰·吉百利的来孙詹姆斯·吉百利创立的品牌，

---

① 原文作“From small acorns, giant oak trees grow.”，一般可译为“万丈高楼平地起”，因后文举其中意象进行类比，故直译。

② “很道德的事情”指酒店巧克力的“道德参与”可可种植项目，拉博特庄园即此项目的重要组成部分。据称，自拉博特庄园开业，已经创造一百多个新的就业机会，而且收购价格保证比世界可可市场价格高 30%—40%，并在一周内结清采购款项，为当地农民提供安全的收入。

仿佛是专门为假行家设立的。詹姆斯意识到，自从自家名叫“吉百利”的品牌被卖给美国食品业巨头卡夫集团后[①]，他再用自己的姓给公司取名似乎不大受欢迎[②]。他还发现，“高级信盒装礼品巧克力”的市场仍是个空白，于是可可浓情应运而生。通过符合道德标准的公平贸易，可可浓情用采购自多米尼加和厄瓜多尔的有机可可豆生产巧克力，并用马尔登天然海盐[③]、伯爵茶、伦敦产的蜂蜜和汉普郡贝辛斯托克产的薄荷等调味。

圣哈辛托牧场

如果你想把你的可可豆加工制作成最正宗的模样，那么厄瓜多尔显然是个好地方。像帕卡瑞、格林纳达巧克力公司和另一家厄瓜多尔公司卡拉里一样，圣哈辛托牧场也是自行种植可可豆，自行制作巧克力。种豆自用还算较新的发展，因为以前他们也是做好可可豆发酵、风干、烘烤的工序，直接出售给其他巧克力制造商的。

---

① 从 2009 年 9 月起，美国卡夫集团开始提出收购吉百利公司，几经周折后以 120 亿英镑并购吉百利。其间，吉百利猛烈抨击卡夫食品的敌意收购，敦促投资者不要让卡夫“窃取”他们的公司，呼吁股东拒绝卡夫最初提出的 103 亿英镑敌意收购报价。美国公司对英国百年品牌的收购遭到了吉百利家族、吉百利旗下英国员工等的普遍反感。

② 詹姆斯·吉百利于 2016 年 7 月推出自己的品牌可可浓情，抨击如今吉百利品牌的美国所有者在 2010 年完成收购后未履行保持英国工厂开放的承诺并导致四百多人失业，同时强调可可浓情建立于卡夫收购前吉百利作为一家“道德公司”的原则之上。

③ 马尔登海盐公司是一家位于英国埃塞克斯郡马尔登的产盐公司，位于黑水河的高盐度岸边。

天野

天野的包装与娅曼蒂非常相似，但天野并非意大利制造，而产自美国的盐湖城附近。从科学家变成工程师、从工程师变成巧克力匠、从工匠变成制造商的阿特·波拉德对当时的巧克力大为失望，因此决定自己制作巧克力，于是就有了天野巧克力。他一直是新兴的美国巧克力界的领军人物之一。天野工厂也很有意思，因为它是世界上最高的工厂之一，海拔 1 454 米。天野所用的可可豆源自许多不同的可可种植国，用于制作 70％的黑巧克力排块和 30％的牛奶巧克力排块。

帕崔曲巧克力

遗憾的是，“帕崔曲”不是创始人的名字，而是故意拼错自家创始人艾伦·麦克卢尔的中间名“帕特里克”，目的则是让它听起来像法语。帕崔曲巧克力是另一家立足密苏里州哥伦比亚市的美国巧克力生产商。艾伦专攻马达加斯加可可豆，用单一来源的可可豆制作出不同固形物含量的排块巧克力。在法国生活了一年之后，他从法芙娜的营销行为中汲取了灵感。

法国宽河巧克力[①]

在蓝岭山脉东坡（不是在弗吉尼亚州的那段）北卡罗来纳州阿

---

① 该巧克力品牌得名自美国北卡罗来纳州和田纳西州的一条河流——法国宽河（French Broad River），作为品牌与阿什维尔地理标志的联系。

什维尔市这个给人感觉不大可能的地方，丹·拉提甘和杰尔·拉提甘的夫妻档做出了美国最好的巧克力之一。他们的巧克力好到你可以原谅他们荒诞不经却很酷的起家故事。这对夫妻在2003年的一场婚礼上相识，两个人靠着一部40英尺（约12米）高、由丹自己改装的植物油动力校车前往哥斯达黎加，然后在一个名为利蒙港的小镇上开了一家名为“面包与巧克力”的咖啡馆。他们还买下了一座废弃的可可农场。匆匆几年过去了，这对夫妇带着后来出生的孩子回到了美国，创办了法国宽河巧克力。他们仍然拥有这座农场的所有权，每年也都会回去看看，愈发接近于把它当作要持续经营的产业将其复兴。嘿，这可是可可。你催不了可可树快快长大……

巧克力匠[1]

总之，前面这些就是巧克力制造商。他们用苦巴巴的可可豆，一顿操作猛如虎，创造了本书的主题。真了不起。现在，是时候来见见世界上首屈一指的巧克力匠了。

巧克力匠是整个巧克力生产工序／行业中的下一环——在某些情况下，其实就是戴着一顶不一样的帽子的巧克力制造商，他们接过“考维曲”（或是水滴大小的碎片，或是装满液体巧克力的油罐车），然后随心所欲地以自己的创意改造。你肯定还记得他们：那些把“考维曲”或用来填充，或轻微调整，或淋在坚果上，或做成蘸酱，或转换为甘纳许和松露的人，还有在复活节把“考维曲”做成兔子耳朵形状的人（实际上，不会有太多有自尊心的从业者会选择做后者）。

为了一睹（尝）世界各地伟大巧克力匠的风采（巧克力），你

① 原文作 Chocolate Ears，是为了教读者如何发音 Chocolatier。

得奔波 60 000 米，消耗近 50 万卡路里，并花费大约 14.7 万英镑。大概吧。这些数字都是编造的，但是有些人什么都信。无论如何，能这么信口雌黄，总归还是有那么几分是真的。

在这一部分中，你将了解一些地球上最出色的巧克力匠，但愿他们能够教会你把一些关键事实投入（有关巧克力的）谈话中。让其他客人昂贵的手工巧克力伴手礼黯然失色的最好办法，不就是把它和来自世界另一端的更晦涩难懂的产品相提并论吗？想象一下，品尝制作精良的甘纳许，让它在你的舌尖融化，你的眼里渐渐湿润起来，你不禁称赞它："妙不可言……但比起里约热内卢的大厨阿奎姆，或许还稍逊一筹。"或者说："这让我想起了我在威基基一家小咖啡馆里吃过的松露巧克力。"

阿奎姆[①]

说到魔鬼……阿奎姆是一个非常好的开始。欧洲市场不仅让人捉摸不透，它们还把触手伸向了里约热内卢高档的莱布隆区阿陶尔福·德佩瓦大道上的精品店和咖啡馆，在那儿也倒腾出了一些可以称得上做作的设计师作品，其中就有热衷曲线的建筑师奥斯卡·尼迈尔[②]设计的价值一千美元的波浪形巧克力糖。

---

① 萨曼莎·阿奎姆（Samantha Aquim），巴西厨师，里约热内卢伊帕内马的阿奎姆美食店店主，Q-Zero 巧克力的创始人。

② 奥斯卡·尼迈尔（Oscar Niemeyer，1907—2012），巴西建筑师，被认为是现代建筑发展的关键人物之一。尼迈尔最著名的是他为巴西首都巴西利亚设计的市政建筑，以及他与其他建筑师合作设计的在纽约的联合国总部。他对钢筋混凝土的美学可能性的探索在二十世纪末和二十一世纪初有重大影响力。

里约的巧克力生意就是萨曼莎·阿奎姆一手做起来的，阿奎姆的父亲在她很小的时候就给她买进口的瑞士莲巧克力，但买巧克力的条件是她在吃的时候要让巧克力在嘴里慢慢融化而不是直接咀嚼吞下。随后，在法国的一所烹饪学校，她受到巧克力匠蒂埃里·阿兰的启发，回到巴西后决心开始用顶级的巴西可可豆制作自己的巧克力。

你可能之前就注意到，巴西在前面的所有内容中被省略掉了。那是因为在二十世纪九十年代，巴西的可可种植业几乎被一种真菌消灭殆尽。不过，在阿奎姆以及那些不断试验新树种和不同可可树品种杂交的种植者的支持下，情况逐渐（也确实有了明显的）好转。

阿奎姆用可可固形物含量为77%的巧克力制作出了优美的造物，并且把它们像放在珠宝店中一般展示。根据巧克力匠本人的说法，尼迈尔对合作伙伴的态度就像“要求上帝为你设计一种巧克力糖”。嗯，这么说可能稍微夸张了些，但你可以据此体会到巧克力匠对待他们的艺术有多么认真。

保罗·A. 扬

看清楚，不是宝拉·扬[1]，而是保罗·A. 扬（Paul A Young）。到目前为止，这个名字出现过好几遍了，请确保你的拼写正确。他是个大人物，而且不仅仅是在巧克力界。这一

① 宝拉·扬（Paula Young）是一个假发品牌。

出生于约克郡的自然力量在过去几年里一直身处英国巧克力革命的前沿。

扬本是一名糕点师，曾在马可·皮埃尔·怀特[①]的餐厅工作过。2006年，他在伊斯灵顿开了他的第一家小店；2007年，他在伦敦金融城的皇家交易所开了一家分店，同年又在苏荷区[②]开设了一家规模更大的商店；2011年，他的烹饪图书《巧克力历险记》斩获2010年美食家食谱奖的“全球最佳巧克力图书奖”。

他制作的巧克力也获得了诸多奖项，例如：他的咸味焦糖和85%厄瓜多尔原味生松露在2012年的国际巧克力大赛中荣获金奖。扬尤其以一些相当不寻常的口味搭配而闻名，例如波特酒佐斯提尔顿奶酪松露巧克力、马麦酱（又是它）巧克力、粉红花椒与藏红花松露。还是不要了吧，说真的。不过，由其本身拥有的几百种风味，巧克力可以和其他别的食物搭配出更多的特色风味。保罗·A. 扬像执行什么任务似的，铁了心要把每一种组合都测试一下。他店里巧克力的香气常常为一大桶冒着泡泡、曾获殊荣的热巧克力和一两块他著名的多味布朗尼蛋糕所激发而更加浓郁。这样的店内氛围是对你意志力的挑衅。夏天是一个“探店”（或者是假装“探店”）的好时节，因为店里总会有自制的巧克力

---

① 马可·皮埃尔·怀特（Marco Pierre White，1961— ），英国厨师、餐馆老板，被称为英国餐饮界的第一名厨和“天才巨婴”（enfant terrible）。

② 苏荷区（Soho）是威斯敏斯特市的一片区域，属于伦敦西区的一部分。它最初是贵族的时尚区，自十九世纪以来一直是伦敦的主要娱乐区之一。

冰激凌和水果冰棍供应。

威廉·柯利[1]

另一个挑衅你的钱包、腰带和意志力的是威廉·柯利——他开在（伦敦西南部）里士满的一家精品店。柯利是个苏格兰人，单枪匹马地就把“苏格兰人发明的油炸玛氏巧克力就该苏格兰人吃”的预设刻板印象破坏殆尽。像保罗·A. 扬一样，柯利本来也是糕点师，曾在四季庄园酒店餐厅[2]和克莱婶婶餐厅[3]等工作。但不像保罗·A. 扬，柯利目前仍是一名糕点师，他在伦敦贝尔格莱维亚的第二家规模更大的门店，充分体现了他在这一领域的技术。这家店在周末还会设一个美味的甜品站。柯利的日本老婆铃江碰巧也是一名糕点师，无疑对他们烤芝麻和日本黑醋等口味的一系列巧克力有一定影响。

柯利在哈罗德百货还享有一项特许经营权，曾四次被巧克力学院评为“英国最佳巧克力匠”。柯利最受欢迎的巧克力作品是他

---

① 威廉·柯利（William Curley，1971— ），苏格兰糕点师和巧克力匠。柯利是伦敦巧克力公司威廉·柯利有限公司的老板，曾四次获得巧克力学院的“英国最佳巧克力匠”奖。

② 四季庄园酒店餐厅（Le Manoir aux Quat’ Saisons）是位于英国牛津附近的一家豪华酒店-餐厅，被评为“米其林二星餐厅”，为法国路威酩轩集团所有。

③ 克莱婶婶餐厅（La Tante Claire）位于伦敦切尔西，1977年开业，2004年关闭。它由皮埃尔·科夫曼（Pierre Koffmann）拥有和经营，在1983年获得“米其林三星餐厅”的评级，并一直保持到1998年餐厅搬迁。如今它被卖给了戈登·拉姆齐作为他的旗舰餐厅——戈登·拉姆齐餐厅。

的“怀旧系列”，选用绝大多数英国人童年熟悉的甜品——雅法蛋糕[1]、椰蓉馅巧克力、棉花糖馅的澳乐思饼干、花生焦糖馅的士力架，赋予它们高档美食的华丽外皮——以娅曼蒂最上乘的考维曲包裹。最后，以防你确实想知道——没错，柯利（Curley）确实是个“卷毛”（curly）。

工匠巧克力

我们之后会出发向在世界范围内巧克力匠取经，不过在那之前，英国的巧克力确实值得我们为其驻足一谈。虽然听起来像法语，但是工匠巧克力（Artisan du Chocolat）是英国品牌。自2001年在伦敦开店以来，一直是行业中的佼佼者。

工匠巧克力由爱尔兰——想不到吧！——糕点师杰拉德·科尔曼创立。从纽约的谢来喜酒馆（要记得马斯特兄弟发家前也在那儿打过工）离职后，杰拉德在回到伦敦前接受了巧克力匠皮埃尔·马尔科里尼的指导。

他的巧克力作品首次在戈登·拉姆齐餐厅亮相，这家餐厅距离最初的工匠巧克力店仅数步之遥。（顺便说一句，拉姆齐把工匠巧克力称为“巧克力中的宾利”。）赫斯顿·布鲁门撒尔不甘人后，在其肥鸭餐厅中为客人呈上科尔曼的烟草巧克力作为餐后甜点。

---

① 雅法蛋糕（Jaffa Cake）是由麦维他（McVitie's）于1927年在英国推出的饼干大小的蛋糕，以以色列雅法橙（Jaffa Orange）命名。一个雅法蛋糕共三层：一个海绵蛋糕底层、一层橙味果酱和一层巧克力涂层。

2003年对于科尔曼及其公司而言是具有里程碑意义的一年：他在克拉里奇酒店[1]为戈登·拉姆齐餐厅创制了液态焦糖海盐。正如前文所述，科尔曼的液态焦糖海盐受到了食客膜拜般的狂热追捧，咸味焦糖也成了甜品的一种主流口味。2007年，工匠巧克力开始自行从磨碎的可可豆开始炼制巧克力，为此在肯特郡的阿什福德设有一家先进的庞大工厂。

除了在切尔西的旗舰店，工匠巧克力还在诺丁山开了伦敦第二家门店。在伦敦、伯明翰和曼彻斯特的塞尔福里奇百货[2]都有其特许经营店铺，并在伦敦南部的博罗市场[3]摆摊销售其最受欢迎的产品系列，如珠宝模样的松露巧克力“珍珠”、排块巧克力和夹心圆片O系列巧克力（还有一袋袋的“次品”——不够完美或有运输损坏的巧克力）。

除了你所期待的单源可可豆巧克力，科尔曼还会用大吉岭红茶或抹茶等成分制作有趣的多风味巧克力。对于那些有忌口的人，还可以选择他们的无糖巧克力，甚至还有专为乳糖不耐受的人设计的杏仁奶巧克力。

---

① 克拉里奇酒店（Claridge's）是英国伦敦的一家五星级酒店。这家酒店长期和英国王室有密切关系，因此酒店建筑有“白金汉宫附属建筑”之称。

② 塞尔福里奇百货（Selfridge's）是一家英国的高档百货公司，由哈里·戈登·塞尔福里奇于1909年创立，是目前仅次于哈洛德百货公司的英国第二大百货商店。

③ 博罗市场（Borough Market）是位于英国伦敦南部的一个批发和零售市场，是伦敦最大、最古老的食品市场之一，至少可以追溯到十二世纪。现在的建筑物建于十九世纪五十年代，如今主要向公众出售特色食品。

皮埃尔·马尔科里尼

他其实已经在前文悄悄出现过了。我们轻率地否定了比利时巧克力，称其名声都来自营销诡计，但比利时人皮埃尔·马尔科里尼仍然是个值得一提的名字。马尔科里尼在布鲁塞尔、列日和安特卫普都开有“高级定制巧克力”(haute chocolaterie)店，出售“当月玛卡龙”(Le Macaron du Mois)，亲自烘烤可可豆。

与阿奎姆差不多，马尔科里尼在布鲁塞尔的旗舰店看起来更像奢华的珠宝店。其巧克力的包装也相当时髦——亚光黑配银色，辅以白色标签。除了松露、果仁糖、马卡龙和饼干，还有薄片巧克力、夹心巧克力小方和马尔科里尼的独门独创。“我需要打破常规，反思我所做的一切，开拓新的思路，因而我让这些重量不到六克的巧克力块诞生于是，”马尔科里尼在其品牌网站上如此阐述，“因为消费者的消费准则也发生了变化：口味更多、口感更足，更加细腻、更加饱满，最重要的是不再笨重。”下次有人递给你一块不是马尔科里尼出品的巧克力时，你不妨回想一下他说的这番话。其众多口味包含Caramel Gingembre(如你所想，是生姜味焦糖)、Miel(栗子蜂蜜)、Caramel Beurre Salé(无法避免的咸味焦糖)以及Caramel Fleur d’Oranger(阿尔及利亚橙花味焦糖)。“夹心巧克力是空心的，但不是空的，”马尔科里尼继续道，“空的是什么都没有，而空心应该是被塞满的……”如果你每次吃夹心巧克力时，都能熟练地摆出凝视远方、专注品味的姿态，这句话就应该恰到好处地从你嘴里流出。更重要的是，没人听得明白你到底在说些什么。

奥里奥尔·巴拉格尔

奥里奥尔·巴拉格尔亦是相当值得一提的名字。他创造的美味简直无可挑剔。巴拉格尔立足于美食圣地巴塞罗那，是二代糕点师，曾与斗牛犬餐厅①的费兰·阿德里亚共事。1993年，年仅二十三岁的巴拉格尔被评为西班牙最佳手工糖果大师。

九年后，他在巴塞罗那开设自己的巧克力和糖果工作室。他在斗牛犬餐厅的风格基础上，将或经典或新颖的糖果元素结合，有些人（也就是你）会管这叫avant-garde（前卫）。

他做的巧克力形状富有特色，也很恰当，正是可可豆荚的模样。这可能是他大多数夹心巧克力系列中唯一一种能看得明白是什么东西的巧克力。黑巧克力中则会加入覆盆子。巴拉格尔的招牌巧克力“霹雳烟雾秀”结合了榛子果仁糖和跳跳糖。他的保留食谱中还有其他很多口味，包括橄榄油混合白巧克力的甘纳许、黑松露和牛奶巧克力果仁糖、卡瓦白葡萄酒配松脆烤玉米甘纳许夹心的巧克力。你可以在一个标有“吾所痴狂”的礼盒里买到他的十八种精选巧克力。对于上述已经提及的口味来说，叫这个名字确实合适。

理查德·唐纳利

与巴拉格尔不同，理查德·唐纳利的巧克力生涯并不是早就

① 斗牛犬餐厅（El Bulli）是一家位于西班牙加泰罗尼亚的餐厅，由主厨费兰·阿德里亚（Ferran Adrià）经营。斗牛犬餐厅为“米其林三星餐厅”，并被英国报纸《卫报》评为“地球上最具想象力的高级菜肴创造者”（指该店的分子料理）。

安排好的。唐纳利本来准备当律师。然而，跟很多人一样，对食品风味的痴迷让他改变了人生规划，转而投入巧克力的制作研发中。

之后，来自美国的唐纳利先后在多家欧洲巧克力公司工作。接着，他返回美国，在旧金山的新西点餐厅（La Patisserie Nouvelle）工作。他原本尝试着在波士顿附近开一家巧克力店——用他妈妈的厨房制作巧克力，但店倒闭了。几年之后，他才在加利福尼亚州的圣克鲁斯重新把店开了起来。

1988年，唐纳利成为美国首批出售高级排块巧克力（纯巧克力和调味巧克力）的巧克力匠之一。他以小批量的方式制作精美的巧克力，如今在售的口味包括杏仁、咖啡、豆蔻、中式五香、玫瑰、薰衣草、橙子、鲜薄荷以及各类当季口味，还有应客户要求而得到启发做出的辣椒巧克力。唐纳利的香草甘纳许亦受到食客的高度赞誉。他还生产一种布朗尼面糊一样的半成品，让你在家里也可以自制完成。

其他一些值得一提的名字

洛可可

伦敦巧克力匠香塔尔·科迪还在哈罗德百货的巧克力柜台上班时猛然顿悟：巧克力不该是沉闷而保守的。它应该有趣，并能吸引人们的感官。它仍然可以保留有传统的感觉——参见洛可可的玫瑰和紫罗兰奶油夹心巧克力——但它最应该予人享受。三十年来的实践证明，科迪是正确的。她如今拥有三家分店，屡次获奖，还被《华尔街日报》评为“新英国巧克力学校的创始人”。《浓情巧克力》的作者乔安·哈里斯就是最早关照洛可可生意的人，因此有传言说《浓情巧克力》的女主角维安妮正是以香塔尔·科迪为原型而创作的。

T'A

发迹于米兰的T'A——坦克雷迪·阿莱马尼亚和阿尔贝托·阿莱马尼亚兄弟俩教名的首字母组合——拥有引人注目的食物遗产。其家族企业的历史可追溯到他们的曾祖父焦阿基诺·阿莱马尼亚，他在第一次世界大战之后创建了公司——据说是因为他创制了意大利面包[①]——尽管其他人驳斥这一说法。不管怎么说，随后他家还开起了连锁面包店。现在，兄弟俩搞起了巧克力行当，而且要搞就搞优质巧克力，例如可可固形物含量为66％的四川辣椒味排块巧克力和西西里柠檬味排块巧克力等。

可可曲

因为迪尔德丽·麦卡尼，贝尔法斯特的可可曲也加入了巧克力行业，她在市中心的奇切斯特大街有一家精致的巧克力店（与玛莎百货几步之遥，如果你想让你的听众觉得你确实去过这家店，你自然会这么说）。这家明亮而又现代的店铺，里面摆放着

---

① 意大利面包（panettone）是一种原产于意大利米兰的甜面包。意大利面包被做成冲天炉的形状，重达1千克，高12—15厘米，其中含有葡萄干或其他蜜饯，通常与热的甜饮料或甜葡萄酒搭配食用。

几张桌子，出售带有自制棉花糖的热巧克力。

店里到处都是精心陈列的巧克力，包括麦卡尼创制的一角有一块标志性可食用金箔的排块巧克力，各种夹心巧克力——据称相当优秀的黑巧克力果仁糖、获奖名品威士忌松露巧克力、蜂窝巧克力糖、巧克力爆米花和巧克力榛果，以及一些其他巧克力制造商生产的巧克力。

巧克巧萨

哥印拜陀的巧克巧萨被认为是印度最好的巧克力店。管理合伙人迪维亚放弃了自己在印孚瑟斯技术公司的工作，和老朋友前工程师安布切尔万一起创办了巧克巧萨。刚开业时，他们都对巧克力制作一无所知。他们只是想尝试一下别人不会去做的事情。他们请来了大餐厅的厨师长并对他们做生意的对象进行了研究。随后，他们从蜂蜜葡萄干巧克力开始，到今天研发出约六十种不同的口味，并发展成一个所有人都在这门生意中拥有股份的十五人团队——就像约翰·刘易斯的那种合作模式[①]。巧克巧萨生产的巧克力、蛋糕和饼干的原料来自世界各地。

“她”巧克力

“她”代表“人类的精神进化”，“她”咖啡馆的联合创始人伯

① 指约翰·刘易斯合伙公司（John Lewis Partnership）。约翰·刘易斯合伙公司是英国一家以工人合作社形式运作的公司，旗下的子公司包括高档百货约翰·刘易斯百货、维特罗斯超市等。该公司的所有人是代表全体工作人员利益的一家基金会。

妮·普莱尔如是说。这一系列信念在其位于新西兰克赖斯特彻奇的咖啡馆迎来了考验——2004 年时开业才九个月即为大火摧毁而不得不重建。塞翁失马，焉知非福。这使得其店铺在随后极具破坏力的大地震[1]中处于有利地位，他们在当时只受到了轻微的损害。当乌娜·布朗开始研究零食，“她”巧克力脱胎于咖啡馆而正式诞生，推出如“颓败的日子”等巧克力，并在当地农民的市场上出售。随着业务的合并，“她”巧克力进一步扩展流动咖啡馆——由一辆 1947 年的伦敦双层巴士改建——业务的经营，并在当地一家酒店开设热巧克力吧。消费者可以从单源可可豆松露到更加奇特的青柠和黑胡椒味巧克力之间选择想要的口味。

布朗蒂

布朗蒂从英国西萨塞克斯郡的一家小工厂一路发展而来，为特定人群提供有机的纯素食手工食品，遵循其“食自自然”的哲学。曾是企业律师的布朗蒂·玛丽亚·安塞尔使用秘鲁产单源克里奥罗可可豆，将其进行三天的研磨后，添加角豆糖浆使其变甜，添加有机植物油来调味。作为一名有经验的假行家，你自然知晓巧克力对健康的好处，但安塞尔的主张或许更进一步，那就是生产一种对你身体最有益的巧克力。

① 指新西兰大地震。2011 年 2 月 22 日中午 12 时 51 分，在新西兰第二大城市克赖斯特彻奇发生里氏 6.3 级强地震。

Dairy Milk
Caramel

“与我同在”糖果店

主厨苏珊娜·尹在纽约创立的“与我同在”糖果店旨在让所有巧克力爱好者都能品尝到“与米其林星级餐厅里一样精心制作”的巧克力。苏珊娜和她的团队位于诺利塔——小意大利的北部①，以细致入微和耐心小批量制作精致的巧克力：巧克力糖中的坚果都是手工剥壳，需要三天时间来制作，每个模具都单独抛光，以确保制作的每颗巧克力都有美丽的光泽。纯天然的馅料以公平贸易尽可能地从当地获取，如果当地实在没有，再从更远的地方采购。上述一切的成果，便是这一颗颗小小的艺术品。

工作室巧克力

像是为了印证英国优秀的巧克力匠蓬勃崛起之势，又或许是因为手工巧克力逐渐热门起来，艾丽·沃拉德和她诺丁汉巧克力工作室中高度艺术化的创作出现在世人眼前。沃拉德放弃了上大学，而跑去蓝带厨艺学校②学习甜品制作。在完成向米其林星级大厨萨特·贝恩斯③学艺的阶段后，她游览了比利时城市布鲁

① 诺利塔(Nolita)，有时也写成NoLIta，即取“小意大利的北部”(North of Little Italy)中各实词的头几个字母，是纽约市曼哈顿下区的一个社区。

② 蓝带厨艺学校(Le Cordon Bleu)是一家教授法国高级菜肴的国际酒店和国际烹饪学校，其教育重点是酒店管理、烹饪艺术和美食。

③ 萨特·贝恩斯(Sat Bains，1971—)，英国大厨，因在英格兰诺丁汉担任“米其林二星餐厅”萨特·贝恩斯餐厅的厨师长而闻名。贝恩斯也是2007年英国广播公司(BBC)节目《伟大的英国菜单》(*Great British Menu*)的获奖者之一。

日，她开始思考：“为什么所有巧克力都是棕色的？”于是，工作室巧克力诞生了，沃拉德在工作室中从艺术、宇宙和音乐中汲取灵感，手绘其巧克力作品，现在还会在这里举办课程和活动。对了，她还会制作美味的蛋糕 。

各种文化层面的实例绝对是假行家军火库里火力最猛的弹药。

卖！卖！卖！

现在，是时候让你了解巧克力的更多乐趣、好处和其他特性了。你已经学会如何发现优质的巧克力（并学会确保人们知道你有这本事），还知道怎么绕过那些低品质巧克力的坑——除非你是想拿这些低档的产品来恶作剧以一笑置之。

诀窍在于如何对市场上更受欢迎的产品进行文艺处理，但最大的诀窍还是制造商如何说服我们购买他们的产品，而不是从那些拥挤的、铝箔包装的货架上购买其他东西。

之前也提过了，全面了解巧克力的历史知识有助于你在聊起巧克力时言辞更具权威性，它们同样适用于一些更受欢迎的主流巧克力和巧克力味产品上。各种文化层面的实例绝对是假行家军火库里火力最猛的弹药。因此，你最好能参考广告史中的一些关键事例，并确保你在提起前预先掌握一些高度可用的信息。

费列罗"金莎"巧克力[①]

二十世纪九十年代，费列罗这则臭名昭著的电视广告堪称经典中的经典，它让意大利巧克力品牌费列罗一夜之间家喻户晓。此种营销的成功在广告史上也绝非第一次发生，更证明了如此差劲的产品不大可能是真的很优质的产品（尽管说它不好其实是出于错误的偏见）。

想象一下这个场景。镜头切入一场正式晚宴现场，到处都是衣着优雅时髦的国际名人雅士，可旁白却在此时用蹩脚的英语说："大使的招待宴因东道主的雅致品味而在社会上引来关注，吸引了众多宾客。"大使点点头，一个白发管家手持一个托盘，进入了宴会厅。托盘上把金箔包裹的巧克力堆成金字塔形，宴上宾客显然对其出现感到雀跃。"好吃极了！"[②]一位配音差劲的女演员感慨道。"棒极了！"[③]一位配音同样差劲的男演员大声称赞道。然后一位性感女士悄悄凑近大使，操着有点搞笑的法语咕哝着如今已成经典的台词："先生[④]，您可真是用这些把我们宠坏了。"

这则广告做到了几件事：它让这款创制于1982年、仅短短几年历史的巧克力看起来像什么久负盛名的经典款；它确保了即使在四分之一个世纪之后的各色社交场合中，人们还会在巧克力

---

① 费列罗"金莎"（Rocher）榛果威化果仁巧克力球即国内最常见的费列罗产品。

② 原文为法语 délicieux。

③ 原文为法语 excellente。

④ 原文为法语 Monsieur。

被呈上时说：“大使先生，你可把我们宠坏了……”

你当然知道，“大使”只被称呼为“先生”过。

这一营销方案让费列罗公司赚得盆满钵满。“金莎”巧克力含有威化和榛子酱本身倒不奇怪，因为正是能多益榛子酱（Nutella）奠定了费列罗家族的财富。为了展现你身为假行家的水平，请确保你的发音为“努忒拉”而不是“纽忒拉”：前者才是正确的发音，后者是常见的、绝对错误的英语式发音。

为了证明巧克力和坚果——或者说其实是能多益——确实很能赚钱，你不妨指出：费列罗公司创始人的儿子米歇尔·费列罗在2015年去世时留下了价值约230亿美元的遗产。

吉百利“雪花”巧克力

世界上最易碎、最松软的牛奶巧克力。

有了前面学到的基础巧克力知识，你显然可以对任何会碎裂、剥落而不是清脆断裂的巧克力予以恶评。但是，对从1959年一直到二十世纪九十年代播出的这一系列本质上能算作软色情的广告来说，盯着这款巧克力本身的品质，似乎是错过了重点。

吉百利公司在1920年推出了“雪花”巧克力，这款口感独特的巧克力在同年推出了其衍生产品“九九雪花”冰淇淋。过了几十年，可以说是普世道德标准的松弛（啧啧！），才使得这些传奇的广告出现。简单描述一下就是，每则吉百利“雪花”巧克力的广告中都会有一个漂亮姑娘，通常穿着轻薄的衣服——在那则洗澡水溢得到处都是的著名广告中则一丝不挂，在镜头前慢慢地撕开巧克力棒的包装，然后暗示性地把它咬断。是的，确实，没有任何潜台词，没有任何暗示。

假行家如你或许想指出早期出现在“雪花”巧克力广告中的女孩之一是模特卡崔娜·斯凯珀——安德鲁王子的前女友，而泡澡广告中的女模特是《风尚》（*Vogue*）杂志的封面女郎瑞秋·布朗。

“雪花”巧克力的广告词则伴着一点蓝调音乐让人摸不着头脑：“只有最松脆易碎的巧克力才会有从未被人尝过的巧克力的味道。”2007年，吉百利找来烟嗓女歌手乔斯·斯通代言，把这句话唱火了一阵子。不过，到2010年，这支广告就不再用了。

雀巢牛奶棒

你可以理直气壮地指出，白巧克力从技术层面来说并不是巧克力，但是不要让这种观念妨碍你讲述一些巧克力广告史和雀巢公司关于这一经典广告的有趣故事。

这则主要以西部为主题的广告，其主角是一个戴着英国国民医疗服务体系配发眼镜的金发男孩，他打扮成一个典型牛仔的模样，在扣人心弦的场景中的某个时刻宣布：“牛奶棒在我身上！”广告的第一波于1961年播出，由特里·布鲁克斯主演。他当时的出场费为十英镑，不过他在第二年得到了加薪和吃不完的牛奶棒。

同样值得记住的是其最初的广告词“吃牛奶棒的男孩强壮

而坚韧，只有最好的才是最好的，最细腻的牛奶，最洁白的巧克力，**牛奶棒**中的营养！！”当人们指出以糖为主要成分的东西中实在没有多少营养时，最后一句被改成了“牛奶棒中的美好味道”。

因类似的指摘，雀巢公司在 2017 年宣布他们正在增加配方中的牛奶含量，使其成为牛奶棒的主要成分。考虑到“牛奶棒”的名字，说句良心话，他们早就该这么做了。

吉百利“牛奶拼盘”

1915 年推出的“牛奶拼盘”巧克力是吉百利一系列巧克力中历史最悠久的产品之一。这是一盒在二十世纪七十年代因两个主要原因而闻名的巧克力：巧克力呈桶状，里面是吃不下去的青柠夹心（你或许能猜得出来它多半是英国历史上最糟糕的大规模生产巧克力）；吉百利为其制作了相当传奇的广告片，其中有一个詹姆斯·邦德式的黑衣人，他将不惜一切代价——不管是穿越雪崩、瀑布，还是面对破损的缆车和全副武装的城堡，将一盒巧克力送到一个神秘女人的手中。他干吗费这老劲儿折腾？他难道连邮费都付不起吗？广告这么安排只是为了要我们明白，男主角这样做“只因为那位女士喜欢‘牛奶拼盘’”。

假行家可以讽刺地嘲笑他为什么不多待一会儿，等待神秘女子的感激之吻，或是确认一下她没有因此得糖尿病。广告在此结束或许是为了杜绝让潜在消费者看到女子吃了不好消化的“青柠馅”巧克力后不可避免的耐力不足。

这一系列的广告自1968年首次播放，一共播了十五年，约有六名演员扮演了黑衣英雄的角色。

你还可以提一嘴：其中几支广告是由拍过《爱你九周半》的阿德里安·莱恩[①]执导的。莱恩似乎对可疑的诱哄技术与食物相结合的主题有着丰富的经验，这种技术在英语里叫作“食物崇拜”（sploshing），但提这个信息量太大了，还相当偏题。

“罗洛”巧克力[②]

与“牛奶拼盘”——或许“雪花”巧克力也算——一样的广告风格，“罗洛”早就证明了，巧克力和浪漫是天生一对。这一概念在二十世纪八十年代发生了尤为感人的转折，当时麦金托什以牛奶巧克力包裹焦糖夹心的“罗洛”巧克力在广告中的标语是：“你有爱谁爱到愿意把最后一颗‘罗洛’给这人吗？”

由此而来的广告内容以一段由著名演员、剧作家帕特里克·巴洛着实单调的旁白开始。火车上，一对新婚夫妇在车厢窗户的冷凝水气上画了两个爱心。当火车进入隧道时，这对度蜜

---

① 阿德里安·莱恩（Adrian Lyne，1941— ），英国电影导演、作家、制片人。其职业生涯始于执导电视广告，最著名的作品是为其提名第六十届奥斯卡金像奖最佳导演的《致命诱惑》（*Fatal Attraction*），以及文中提及的《爱你九周半》（*9½ Weeks*）。

② “罗洛”巧克力（Rolo）是一种圆锥形的焦糖夹心巧克力，1937年由麦金托什巧克力公司最早在英国推出。朗特里公司于1969年并购麦金托什后，朗特里-麦金托什于1988年被雀巢公司收购，因此雀巢获得了除美国的全球生产销售权——美国的生产权则早于1969年授权给了好时公司。

月的小夫妻发现糖纸里只剩最后一颗“罗洛”了。火车驶离隧道，丈夫发现最后一颗“罗洛”不见了，而他的妻子正在心满意足地咀嚼。丈夫见状，愤怒地把车窗上的爱心擦去，一脸厌恶地转过了身。虽然这则广告的编剧严格意义上不能说是“哈罗德·品特[1]风”，但还是有某种存在主义方面的吸引力。“罗洛”的其他广告没有这则那么令人心酸，不过都成功证明了真爱与最后一颗“罗洛”密切相关。显然，雀巢似乎并不同意这点，他们把“罗洛”的品牌从麦金托什那儿买来的时候，认为此广告系列过于感性，因而在 2003 年选择弃用。坏主意！

吉百利乳脂软糖[2]

> 一颗乳脂软糖，给孩子解个馋正好；一颗乳脂软糖，给孩子垫肚子正好。小小一颗糖，吉百利美味不可量。一颗乳脂软糖，让孩子开心正正好。

尽管乳脂软糖依然买得到，可惜这套精彩的广告宣传词早已

---

① 哈罗德·品特（Harold Pinter，1930—2008），英国剧作家及剧场导演，所涉领域包括舞台剧、广播剧、电视剧及电影。品特的早期作品经常被归入荒诞派戏剧。他也是 2005 年诺贝尔文学奖的获得者。

② 乳脂软糖（Fudge）是一种糖类糖果，其制作方法是将糖、黄油和牛奶混合，在 115℃下加热到软球状态，然后在冷却时摔打混合物，使其获得光滑的奶油状外形。在质地上，这种结晶性糖果介于软糖和硬糖之间。水果、坚果、巧克力、焦糖等都可能会被添加于乳脂软糖之中或作装饰。

不复存在：在英国各地中产阶级家庭的厨房里，用含糖零食让孩子克服吃晚饭前这段时间的想法会引起家长有理由的担忧。

但还是很可惜，作为广告语，它相当令人难忘，哪怕是广告里的歌词中“吉百利（Cadbury）美味”被很多人听成“胡椒（peppery）美味”都让人难忘。假行家可以揣测一下：面对如今的消费者，要是广告词里唱的真是“胡椒美味”，会不会更容易让人接受？既然咸味焦糖巧克力可以引爆全球味蕾，为什么胡椒味乳脂软糖不行呢？

这支广告曲恰好改编自一首古老的英国民歌《林肯郡的偷猎者》（*The Lincolnshire Poacher*）——你可以提一句有一种优质切达奶酪也叫这个名字，为广告重新填词的是英国摇滚乐队曼弗雷德·曼恩的主唱迈克·达博[①]。

“约克仔”巧克力[②]

下面要讨论的这则怀旧广告，将把我们带回二十世纪七十年代——显然是不健康广告的全盛时期，回到这块基于巧克力的怀旧“板”块（字面意思上的“板块”[③]）中。

① 曼弗雷德·曼恩是一支英国摇滚乐队，1962年成立于伦敦，1969年解散。乐队有两个不同的主唱，1962—1966年是保罗·琼斯（Paul Jones），1966—1969年是迈克·达博（Mike d' Abo）。

② “约克仔”（Yorkie）如今是雀巢公司生产的一种巧克力。它最初由英国约克郡的朗特里公司创制生产，因此得名。

③ “约克仔”是对标吉百利牛奶巧克力的更为厚实的厚块巧克力，目标消费者为男性。

“约克仔”巧克力可供假行家吹嘘的素材不少，主要是因为像上述提及的那些广告一样，“约克仔”的广告如今看来也没有特别过时。这种情况下，几乎不可避免地需要你摆出沉思的面部表情——这是假行家行事的关键部分，尤其在你对时代变迁大加感叹的时候。

在“约克仔”的广告案例中，时代变迁在其中起到的改变无疑是积极的改变，因为这则有点沙文主义的广告在短短一分钟内就概括了二十世纪七十年代的种种时代弊病：从广告里随意的性别歧视到他们卖的这款硬如磐石的巧克力如何让吃的人下巴脱臼，不一而足。

“约克仔”在之后的生产中其体量一直在“缩水”。最初版本的“约克仔”，一整块有58克重，被分成六块（分别标有Y、O、R、K、I和E）对牙齿健康相当有考验的“小”块。这款巧克力被宣传为完美的零食，可以让一个年迈的卡车司机扛上一整天，在他卡车上的货运到目的地时，还能沉浸在对过路女司机的懒散奉承中。而且，你不要忘记，这段剧情都是在一首非常糟糕的西部乡村“歌曲”的调调里行进的，歌词里也承认了“约克仔”挑战牙齿的特性，还就真敢这么唱：“又好、又浓、又厚实，大块牛奶巧克力砖，每口都是厚实的一大口。”

他们在2001年推出的新广告也没能彻底改变旧有的观念，他们还在强调现在缩水的“约克仔”巧克力“不适合给女孩儿吃”，也难怪人们还是把它们当一吨（又浓、又厚实的牛奶巧克力）大砖头看待。现在你还能买到“约克仔”，但现在的版本总重只有46

克，比最初轻了21%左右。

吉百利焦糖牛奶巧克力

最后，不得不提一下具有古怪吸引力的焦糖兔（Caramel Bunny），一个由米丽亚姆·马格利斯配音的动画角色。这只兔子为吉百利的焦糖牛奶巧克力打着广告，标语是“放轻松”。2009年，这只兔子被评为史上第三性感的卡通角色，仅次于杰西卡·兔[1]（如果你觉得有必要强调的话，她俩没关系）和贝蒂·波普[2]。

---

① 杰西卡·兔（Jessica Rabbit）是小说《谁审查了兔子罗杰》（*Who Censored Roger Rabbit?*）及其改编电影《谁陷害了兔子罗杰》（*Who Framed Roger Rabbit*）中的一个虚构人物。她是兔子罗杰的人类卡通妻子。杰西卡被誉为动画片中最著名的性感角色之一。她还因一句话而闻名：“我并不坏，我只是被画成这样。”

② 贝蒂·波普（Betty Boop）是马克斯·弗莱舍（Max Fleischer）创造的卡通人物。贝蒂最初的设定是动画片《食色迷魂记》（*Dizzy Dishes*）中小狗宾波的女朋友，由于贝蒂的人气急升，创作者将其改为人类，并成为多套作品的主角。贝蒂从最初的创作构想就是以性感为核心的。

没有必要假装你知道有关巧克力的一切——没人能做到如此地步。可如果你都看到这里了，吸收了这本书的这点儿页面里哪怕一点点的知识和建议，那你几乎可以肯定自己已经比这世界上99%的人都更了解何为巧克力、如何制作它、它在何处制成以及为什么全世界人民会食用这么大量的巧克力。

现在，你要拿这些知识怎么办完全取决于你，但这儿有一条建议：对你新学到的知识充满信心，看看它能派上什么用场，但最重要的是，要在运用你的知识时获得乐趣。毕竟，在假充巧克力行家的“艺术”方面，你已是不折不扣的专家，你可以尽情吹嘘这种古老的食品。所有文化、所有种族和所有宗教（尤其是宗教！）都无法抵抗巧克力的吸引力，而今日此时就是它漫长而辉煌的历史上最具魅力的时刻。

名词解释

德阿科斯塔《西印度群岛史》(José de Acosta's *Historie of the West Indies*)

这本由十六世纪西班牙传教士、历史学家何塞·德阿科斯塔撰写的开创性著作，应该成为每名巧克力学者的枕边读物，不过只是因为本书被认为是"巧克力"一词第一次在印刷品中出现。作为巧克力假行家，你当然得知道其英译版由爱德华·格里姆斯通在1604年翻译出版。细枝末节也是重中之重。

阿兹特克人(Aztecs)

吉百利在二十世纪七十年代用这个强大一时的帝国为旗下一款巧克力命名。阿兹特克帝国极为看重巧克力，并将其作为货币流通。阿兹特克人也向世界介绍了他们的皇帝蒙特祖马二世，他则在我们脑中埋下了巧克力可以用作壮阳药的想法。或许是真的呢？

鲁思宝宝（Baby Ruth）

一款巧克力，可以说是巧克力在好莱坞电影中领衔主演的最著名的角色。它出现于1980年的喜剧电影《疯狂高尔夫》（*Caddyshack*）的泳池场景中，在游泳池边被误认为是一坨人粪。

比利时（Belgium）

真是一个狡猾的国家，不知为何让人们错觉他们制作的巧克力是世界上最好的。但大体上来看，比利时巧克力并不是最好的。例外倒不是没有，比如皮埃尔·马尔科里尼，但更多情况下，比利时人只是采用了奸诈的营销手段。

花白现象（Blooming）

花白现象的原因是可可脂晶体的积聚。由于调温不到位，或由于储存温度过高而导致巧克力融化后再次凝固，可可脂积聚，而没有均匀分布在巧克力中。

伯恩维尔（Bournville）

伯明翰附近的模范村庄（后来成为一款巧克力的名字）。伯恩维尔是贵格会实业家乔治·吉百利创建的工人乌托邦。

可可（Cacao）

可可树，是巧克力起源之树，至今仍是。可可豆则用于称呼被加工成如今我们熟知的巧克力之前的模样。

可可豆肉（Cocoa Nib）

可可豆里面的东西，也就是可可豆中我们用来制造让人愉悦的棕色东西的部分。

巧克力狂人（Chocoholic）

这个词在 1961 年一份美国加利福尼亚州的报纸上被首次使用，用于称呼对巧克力上瘾的人。原本只是生造出来的玩笑话，但后来被写进了英语词典。

巧克力（Chocolate）

一种简直像是用炼金术通过奇迹而诞生的产品，由可可树的果实制成。或者说是从可可豆荚来的，就看你觉得到底什么才是真正的源头。

美而俗气（Chocolate-Box）

这个形容词用于描述过度不现实、过度粉饰的由人绘就的图像，常常用在圣诞贺卡和……呃……巧克力包装盒上。

巧克力茶座(Chocolate Houses)

英国绅士俱乐部的前身——不是！说的不是那种俱乐部！可可在十七世纪最初传入英国时，成了精英阶层的饮品。当时的上流社会绅士可以在专门的巧克力茶座里边喝可可饮料，边讨论政治和时局(甚至可能讨论到英格兰在足球方面的无能，虽说那时现代足球还没被发明出来)。

巧克力制造商(Chocolate Maker)

用魔法、苦力、炼金术把可可豆变成巧克力的一个人或一家公司。

巧克力茶壶(Chocolate Teapot)

一个贬义的表达，用来描述做某事根本不合适的人或事物，你可以这么用：“你也就派派巧克力茶壶[①](可以把‘茶壶’替换成‘火炉栏’‘平底锅’‘烧水壶’‘士兵’)的用场。”它跟“就和只有一条腿的人在踢屁股比赛里一样无能为力”表达的意思差不多，但画面感没有那么强。

巧克力匠(Chocolatier)

在成品巧克力上施展自己的创意和才华，把它变成甘纳许、

① 巧克力茶壶就和字面意思一样，是一个用巧克力制成的茶壶。人们通常认为这样的茶壶会融化而无法使用，因此这个词经常被用来比喻无用的物品。

松露巧克力、巧克力布丁的人。

Chocolatl（或 chokolatl、cacahuatl）

由可可豆制成的饮料的其他拼写方式或衍生品。

可可粉（Cocoa）

可可粉是由可可豆制成的粉末，正如数百个伊妮德·布莱顿[1]的故事告诉我们的那样。

精磨精炼（Conching）

把发酵、干燥、烘干、敲碎、碾粒、研磨和混合的工序完成后，就要开始精磨精炼。精炼机是一种大型搅拌机，最初带有贝壳（西班牙语为 concha，精磨精炼因此得名）形状的桨。精磨精炼的目的在于进一步减小可可颗粒大小，使所有颗粒被可可脂均匀包裹，去除巧克力一些不太为人欣赏的品质（如苦味、酸味等），使糖分焦化，并提炼出理想的味道。

埃尔南·科尔特斯（Hernán Cortés）

这位西班牙探险家长得就很像某个被放逐的神（详见“遥远的巧克力”中对“羽蛇神”的介绍）。他为假行家贡献了一条搭讪

① 伊妮德·布莱顿（Enid Blyton，1897—1968），英国儿童作家。自二十世纪三十年代以来，其作品销量超过六亿册，并被翻译成九十种语言。

好句：你知道吗？他就是把可可豆引入西班牙宫廷乃至全欧洲的人。

轧碎（Cracking）

轧碎，或称为“炒碎”。和字面意思一样，轧碎的工序就是把烘烤过的可可豆弄碎，使种皮与内核分离，以获取可可豆中最重要的东西——可可豆肉。你也可以对可可豆最终的美味成品（或布丁）做此举动。

克里奥罗（Criollo）

可可豆的三大主要品种之一，也是最难种植的品种。“克里奥罗”直译为“源自当地”，这种可可树仅占全球可可树总量的大约5%。不要指望你随时都能在本地的园艺中心看到克里奥罗可可树。克里奥罗可可豆被认为是最好的可可豆，具有浓郁的香气和极少的苦味。你要是在巧克力包装的标签上看到这个词，就做好多花几十块钱的准备。

干燥处理（Drying）

在坦率来说复杂得令人发指的巧克力制作过程中，对可可豆进行干燥处理不过是第二阶段。这道工序将去除可可豆中94%的水分，使其只剩一半的重量。该工序应以自然之力完成，有时也用柴火烘干，但可能会在成品中残留烟熏味。

炒碎(Fanning)

详见“轧碎”。

发酵(Fermenting)

巧克力制作的第一阶段，是减少可可豆中天然苦味的关键步骤。把可可豆荚掰开，把里面的种子铺在叶子上，置于高温下自然发酵。人类是如何以及何时发现发酵的优势的，已经消失在时间的长河中。掰开豆荚，就会有可可树的种子露出来。发酵后，它们才会被叫作可可豆。

佛拉斯特罗(Forastero)

可可豆的三大主要品种之一。“佛拉斯特罗”直译为“外来种”，因为人们认为它起源于亚马孙河流域。它是最常见的可可树种，约占世界可可树总量的80%。

约瑟夫·弗莱(Joseph Fry)

这位贵格会商人也被认为是排块巧克力的发明者。祝福你，弗莱先生。约瑟夫·弗莱发现将可可粉、可可脂与糖混合，可以制成易于成型的糊状物，于是做出了一种可以食用的块状固体，而非液态饮料。弗莱给由此诞生的产品取了个法语名字叫“即食巧克力”(chocolat délicieux à manger)。因他的成就，我们对他这种身为英国人却“媚法”的行为表示原谅。

细磨（Grinding）

“细磨”就是字面那个意思。可可豆经过发酵、干燥、烘烤、轧碎和风选后，会在苏沙尔发明的搅拌器中研磨。

科恩拉德·范豪滕（Coenraad van Houten）

荷兰人范豪滕是可可压榨机的发明者。该设备可以将可可脂从巧克力液块中分离出来，从而留下可可粉。可可碱化的这一过程被命名为“荷兰化”（Dutching），算是为了纪念他吧。

粗磨（Kibbling）

详见“风选”。

鲁道夫·林特（Rodolphe Lindt）

（可以把 Rodolphe 写成 Rudolf，看你是更喜欢用德语还是用法语装腔。）虽然根据巧克力制作的传说，这位瑞士人是精磨精炼的创造者，但他发现此一过程及其好处完全是意外，全因当时他的一名员工让一台机器运转过夜。

玛雅人（Mayans）

阿兹特克人生前，奥尔梅克人身后，玛雅人的文化全然相信 xocoatl 对健康有益，并使之成为其社会和宗教中的重要部分。这种精神得以在每个吃了巧克力后朝天翻白眼并感叹“哦，上帝”的人身上延续。

搅拌器(Mélangeur)

菲利普·苏沙尔发明的将可可糊和糖混合成软滑混合物的设备(详见“遥远的巧克力”)。

混匀(Mixing)

经过发酵、干燥、烘烤、轧碎、风选后,将巧克力半成品继续搅拌均匀。大多数其他成分(例如糖、牛奶和香草)是在这一步加入的。巧克力通过辊式精炼机或球磨机将可可浆质的颗粒变得更加细小,并协助可可脂均匀分散。说真的,人类到底是怎么发现要这么干的?

蒙特祖马二世(Montezuma II)

这位阿兹特克人的皇帝,除了首先示范可可壮阳的特性,还认定西班牙探险家埃尔南·科尔特斯就是被驱逐后回归的羽蛇神。因此,他放弃继续把可可当作秘密,把可可赐给了科尔特斯,最终导致了自己的死亡和阿兹特克文明的终结。唉……

昂利·内斯利(Henri Nestlé)

这位德国化学家研究出了如何将牛奶变成粉末状,丹尼尔·彼得随后用奶粉发明了牛奶巧克力。显然“雀巢哥”的公关比丹尼尔·彼得的更优秀。

奥尔梅克人（Olmecs）

一切起源于奥尔梅克人。除了是有记录以来第一个食用巧克力的文明，人们也不难记住奥尔梅克人，因为他们热爱组织工作——发明了零、日历，而且还可能发明了书面语言。该文明从公元前 1200 年左右一直存在到公元前 400 年，消亡原因不详。或许是投胎成今日的英国皇家税务局了吧。

丹尼尔·彼得（Daniel Peter）

第一个把奶粉和可可粉结合起来创造出牛奶巧克力的瑞士巧克力制造商，在公关大战中输给了他的邻居昂利·内斯利。

贵格会（Quakers）

由于巧克力对健康有益且不含酒精，这一宗教团体把巧克力放在了心头。多年后，巧克力制造商很快就通过发明巧克力利口酒纠正了这种错误的认知。

羽蛇神（Quetzalcoatl）

不是巧克力饮品的别称，而是托尔特克人信奉的那个因为把可可当作礼物送给人类而遭众神放逐的神。如果有人把你的最后一颗“罗洛”偷吃了，你多半能理解其他神的心情。

烘烤（Roasting）

可可豆已经发酵好，弄干了。接着，就得在 120℃—160℃

的温度下烘烤 10—35 分钟，具体的温度和用时取决于所需的风味。巧克力就是炼金术，告诉过你的。是炼金术！所以才有人会为了巧克力出卖自己的灵魂……

约瑟夫·朗特里（Joseph Rowntree）

英国巧克力行业的第三位贵格会领军人。

士力架（Snickers）

据说是有史以来最畅销的巧克力棒，1930 年由玛氏公司向全球推出。这款巧克力糖是以玛氏家族的爱马命名的。出于某种原因，1990 年前，它在英国是用“马拉松”巧克力的名头销售的。

菲利普·苏沙尔（Philippe Suchard）

菲利普·苏沙尔通过自己的发明——搅拌器，把约瑟夫·弗莱领悟来的混合配料制作固体巧克力的知识自动化了。

巧克力排块（Tablettes de chocolat）

对特别有代表性的高卢猛男起伏的六块腹肌的法语表达，听起来是不是比“一板六块”巧克力好得多？

调温（Tempering）

将可可豆发酵、干燥、烘烤、轧碎、风选、研磨、混匀并精磨精炼后，就该你把液态巧克力倒在凉凉的大理石板上开始调温了。外缘冷却的巧克力会被混合回中间较热的巧克力。随着巧克力的冷却，脂肪开始结晶。多次重复此过程，可可脂就会在巧克力中均匀分布。

Theobroma cacao

可可树的学名。其字面意思是“众神的食物”，由此可以猜测十八世纪瑞典科学家卡尔·冯·林奈也是巧克力的粉丝。

三角巧克力（Toblerone）

三角巧克力是瑞士送给世界的众多巧克力礼物之一，这种独特的五面体形状的巧克力由糖果师特奥多尔·托布勒（Theodor Tobler）于1908年在瑞士伯尔尼创制。它至今仍按原始配方制作，是巧克力、牛轧糖、杏仁和蜂蜜的神奇搭配。有一只熊的形象（伯尔尼的吉祥物）被隐藏在每块巧克力包装的标志性马特洪峰[①]商标中（并经常出现在“酷炫隐藏纹案”的名单上）。真是假行家的宝矿。还要注意的一点是，著名的三角巧克力在2016年臭名昭著的“缩水”事件中引起了众多消费者的不满。

① 马特洪峰是阿尔卑斯山脉的一座山，横跨瑞士和意大利。它是一座大型的、近乎对称的金字塔形山峰，海拔高达4478米，是阿尔卑斯山脉和欧洲最高的山峰之一。

特立尼达里奥(Trinitario)

可可豆的三大主要品种之一，约占世界可可树总量的15%。特立尼达里奥是克里奥罗和佛拉斯特罗的杂交品种，在一场飓风摧毁了特立尼达岛上的克里奥罗可可种植园之后被培育出来，因此得名。特立尼达里奥可可豆能制作出非常精美的巧克力。

白巧克力(White Chocolate)

从技术层面上讲，白巧克力并不算巧克力，因为它不含可可固形物——只含有至少20%的可可脂。

风选(Winnowing)

风选，或称为“粗磨”。利用气流吹掉裂开的可可豆的外壳或种皮，留下可可豆的内核，即可可豆肉。

Xocoatl

据称是用可可豆制成的饮料的原始名称。也可能不是。Xocaotl直译为“苦水”，显然是对奥尔梅克人、玛雅人和阿兹特克人所饮用的味苦、粗粝、油腻、实际上喝起来可能让人感到相当不愉快的液体的公正概括。

译名对照表

巧克力匠

阿尔贝托·阿莱马尼亚(Alberto Alemagna)

阿特·波拉德(Art Pollard)

艾丽·沃拉德(Ellie Wharrad)

艾伦·麦克卢尔(Alan McClure)

安格斯·瑟威尔(Angus Thirlwell)

昂利·内斯利(Henri Nestlé)

奥里奥尔·巴拉格尔(Oriol Balaguer)

保罗·A. 扬(Paul A Young)

彼得·哈里斯(Peter Harris)

布朗蒂·玛丽亚·安塞尔(Brontie Maria Ansell)

达菲·谢尔当(Duffy Sheardown)

丹・拉提甘(Dan Rattigan)

丹尼尔・彼得(Daniel Peter)

迪尔德丽・麦卡尼(Deirdre McCanny)

蒂埃里・阿兰(Thierry Alain)

多姆・拉姆齐(Dom Ramsey)

杰尔・拉提甘(Jael Rattigan)

杰拉德・科尔曼(Gerard Coleman)

里克・马斯特(Rick Mast)

理查德・唐纳利(Richard Donnelly)

鲁道夫・林特(Rodolphe Lindt)

迈克尔・马斯特(Michael Mast)

莫特・格林(Mott Greene)

皮埃尔・埃尔梅(Pierre Hermé)

皮埃尔・马尔科里尼(Pierre Marcolini)

乔治・吉百利(George Cadbury)

切奇莉亚・特谢里(Cecilia Tessieri)

萨曼莎・阿奎姆(Samantha Aquim)

苏珊娜・尹(Susanna Yoon)

坦克雷迪・阿莱马尼亚(Tancredi Alemagna)

威利・哈考特-库兹(Willie Harcourt-Cooze)

威廉・柯利(William Curley)

乌娜・布朗(Oonagh Browne)

香塔尔・科迪(Chantal Coady)

约瑟夫·朗特里(Joseph Rowntree)

约瑟夫·斯托尔斯·弗莱(Joseph Storrs Fry)

詹姆斯·吉百利(James Cadbury)

巧克力制造商

厄瓜多尔

卡拉里(Kallari)

帕卡瑞(Pacari)

圣哈辛托牧场(Rancho San Jacinto)

法国

法芙娜(Valrhona)

皮埃尔·马尔科里尼(Pierre Marcolini)

格林纳达

格林纳达巧克力公司(The Grenada Chocolate Company)

美国

法国宽河巧克力(French Broad Chocolates)

弗雷斯科(Fresco)

孚日山脉巧克力(Vosges Haut-Chocolat)

好时(Hershey's)

马斯特兄弟（Mast Brothers）

帕崔曲巧克力（Patric Chocolate）

天野（Amano）

瑞典

艾克森（Akesson's）

瑞士

百乐嘉利宝（Barry Callebaut）

雀巢（Nestlé）

瑞士莲（Lindt）

三角巧克力（Toblerone）

新西兰

"她"巧克力（She Chocolat）

意大利

费列罗（Ferrero）

娅曼蒂（Amedei）

印度

巧克巧萨（Chocko Choza）

英国

保罗·A. 扬（Paul A Young）

布朗蒂（Brontie & Co.）

达菲（Duffy's）

达姆森（Damson）

工匠巧克力（Artisan du Chocolat）

工作室巧克力（Studio Chocolate）

吉百利（Cadbury）

佳尔喜（Galaxy）

酒店巧克力（Hotel Chocolat）

可可浓情（Love Cocoa）

可可曲（Co Couture）

朗特里（Rowntree）

洛可可（Rococo）

绿与黑（Green & Black's）

麦金托什（Mackintosh's）

睡鼠巧克力（Dormouse）

威利的可可（Willie's Cacao）